读懂
二孩心理

蔡万刚 ⊙ 编著

中国纺织出版社有限公司

内容提要

如今，随着计划生育政策的取消，很多家里又多了一个孩子，整个家庭结构发生了变化，家庭成员之间的关系也变得不同。如何处理好二孩家庭中每个家庭成员之间的关系呢？这是一个许多人关注的问题。

本文从父母如何迎接二宝到来、与二宝相处等角度出发，对孩子成长的身心特点、行为表现等层面进行深入的研究，最终把二孩家庭的生活生动地呈现在每一个父母面前，也告诉父母如何才能让三口之家变成稳定幸福的四口之家，如何给孩子的成长最大的助力。

图书在版编目（CIP）数据

读懂二孩心理 / 蔡万刚编著. --北京：中国纺织出版社有限公司，2020.4
ISBN 978-7-5180-6874-6

Ⅰ.①读… Ⅱ.①蔡… Ⅲ.①儿童心理学②儿童教育—家庭教育 Ⅳ.①B844.12②G78

中国版本图书馆CIP数据核字（2019）第229785号

责任编辑：赵晓红　　责任校对：王蕙莹　　责任印制：储志伟

中国纺织出版社有限公司出版发行
地址：北京市朝阳区百子湾东里A407号楼　邮政编码：100124
销售电话：010-67004422　传真：010-87155801
http://www.c-textilep.com
中国纺织出版社天猫旗舰店
官方微博http://weibo.com/2119887771
三河市宏盛印务有限公司印刷　各地新华书店经销
2020年4月第1版第1次印刷
开本：710×1000　1/16　印张：13
字数：168千字　定价：39.80元

凡购本书，如有缺页、倒页、脱页，由本社图书营销中心调换

前言

1982年，我国把"只生一个孩子好"制定为基本国策，开展计划生育政策。从此之后，每个家庭里只能生育一个孩子。计划生育政策实行的第34年，也就是2016年，国家把"鼓励二胎生育"作为基本国策。从此之后，每个家庭里可以生育两个孩子。然而，很多父母已经习惯了拥有独生子女的生活，他们不认为一个家庭里有两个孩子才会更加和谐、稳定，反而认为最稳固的家庭结构是三口之家。殊不知，虽然四口之家的整个形状是四边形，但就一个家庭而言其实四边形是比三角形更稳固的结构，关键在于父母能够协调好一家人之间的关系，营造良好的家庭氛围。

一般来说，生活的状态与父母有几个孩子没有太大的关系。更多的时候，生活的状态与父母的人生态度有很大关系。这就解决了如今困扰很多夫妻的问题，他们不仅在考虑生一个还是再生一个，有的甚至在考虑生还是不生。随着时代的发展和进步，人的观念越来越开明，有些夫妻已经下定决心选择丁克，并且坚定不移地执行丁克的计划。

以前每对夫妻都会生育好几个孩子，相比之下，现在的夫妻生一个孩子都已经嫌多。所以，虽然计划生育政策已经放开，但很多夫妻依然坚定不移地选择只生一个。然而，也有一些父母作了更加顺应形势的选择，他们原本就想生育二宝，现在二孩政策放开，他们更加积极地响应国家的号召。其实，不管是选择生一个孩子还是生两个孩子，都应该是夫妻双方决定的事情，也只有真正心里喜欢孩子，才能够承担起这份沉甸甸的责任。有些父母之所以选择多生一个孩子，是为了让大宝将来多一份保障，能够在父母生病的情况下有人分担责任和义务；也有的父母之所以选择多生一个孩子，是为了将来多一个孩子为父母养老贡献力量。其实这些理由都是表面的理由，真正的理由应该是父母心中对孩子的爱。

在有两个孩子的家庭里，整个家庭的结构和家庭成员之间的关系都会变得更加复杂。作为父母，我们既不要觉得多生一个孩子只是多一双筷子这么简单

的事情，也不要被多生一个孩子吓到。因为，多一个孩子虽然会在时间和精力上付出更多，但是等到孩子渐渐长大，两个孩子相互影响，互相陪伴，对父母来说，养育孩子甚至会变得更加轻松。所以，生或者不生，生一个或两个，完全是仁者见仁、智者见智的事情。这件事情与每个父母对待生活的态度及他们养育孩子的方式密切相关。

在养育两个孩子的过程中，父母一定要秉承公正原则。所谓公正，并不是以绝对公平的方式对待两个孩子，而是要以更符合孩子身心发展特点的教育方式区别对待两个孩子，从而分别满足每个孩子的物质需求和情感需要。有的时候，父母会感到很困惑，即使他们觉得自己已经做得非常公正，但是孩子依然感到不满意。对于孩子这样的状态，父母无须苦恼，因为孩子看待问题的角度和父母是不同的，所以父母只要坚定不移地做好自己，在家庭生活中制订每个人应该遵守的规则和秩序，孩子就会不断地成长，也会在彼此相处的过程中寻找到最佳的生活方式。

随着二孩家庭渐渐增多，一种奇怪的现象也应运而生，即有的家庭生二孩其乐融融，有的家庭在生二孩之后却鸡飞狗跳，家庭成员之间原本和谐的关系也变得非常紧张，甚至夫妻之间原本亲密和睦的关系现在也变得彼此疏离、感情淡漠，甚至婚姻濒临破裂。家庭变得鸡飞狗跳是因为夫妻之间没有深厚的感情基础，家庭关系没有得到最好的建设，在仓促之下就选择了生养二孩。不得不说，二孩对整个家庭是巨大的挑战。父母一定要认识到一点，那就是在亲子关系面前，家庭关系是更大的。在这种观念的影响下，父母一定要理性面对孩子的成长，也要给予孩子更多的陪伴和恰到好处的作用力。

对于孩子而言，他们未必需要丰厚的物质条件，但是他们一定需要父母给予他们的爱，需要如同沐浴阳光的家庭氛围，也需要在成长的过程中感受生命的舒展和力量。

编著者

2019年10月

目 录

第01章 二宝到来了：冲突、竞争、快乐、感情都该升级了 ◎ 001

参与游戏与竞争，才能彼此提升 ◎ 002

摆脱童年阴影，接纳和解决俩宝的冲突 ◎ 005

来自一母同胞的孩子截然不同 ◎ 008

强者和弱者只是相对而言的 ◎ 010

一边冲突，一边和解 ◎ 012

第02章 要让孩子知道："手足"是这个世界上最好的礼物 ◎ 015

让两个孩子相亲相爱 ◎ 016

大宝可以引导二宝成长 ◎ 018

向大宝预告弟弟妹妹即将到来的消息 ◎ 021

大宝为何会出现"行为退步"呢 ◎ 024

循循善诱讲故事，循序渐进引导大宝 ◎ 027

大宝几岁时父母适合生二宝呢 ◎ 028

爸爸要当好帮手 ◎ 030

第03章 他陪伴你长大：让孩子体会到有人一起成长的幸福 ◎ 033

让大宝偶尔充当二宝的监管者 ◎ 034

孩子成长，父母是何角色 ◎ 037

　　　　让孩子通过"扮演游戏"感知角色　◎ 039

　　　　玩游戏，要学会等待　◎ 042

　　　　分享，让快乐加倍　◎ 044

　　　　像做游戏一样做家务　◎ 047

　　　　游戏和活动的项目要适合全家人　◎ 050

第04章　做公平的父母：每个孩子都需要平等的爱和关注　◎ 053

　　　　公平地对待每一个孩子　◎ 054

　　　　谁规定老大要让着老二的　◎ 056

　　　　不要让二宝成为替罪羊　◎ 059

　　　　相同的管教方式创造出不公平的家庭教育　◎ 062

　　　　二宝为何总是"背黑锅"　◎ 064

　　　　当两个孩子形成鲜明对比　◎ 066

　　　　是否要在大宝生日时送礼物给二宝呢　◎ 069

第05章　消除大宝担心：爸爸妈妈永远不会不爱你　◎ 073

　　　　二宝出生，大宝的情绪怎么样　◎ 074

　　　　和大宝一起养育二宝　◎ 076

　　　　保持大宝原有的生活规律　◎ 079

　　　　当大宝总是打二宝　◎ 082

　　　　保护好大宝，拒绝逗弄　◎ 084

　　　　父母从来不是完美无瑕的　◎ 086

目录

第06章　关注大宝情绪：流失的爱容易诱发大宝嫉妒心理　◎ 089

嫉妒是孩子的正常情绪　◎ 090

不要忽视大宝的"老大情结"　◎ 092

大宝为何会过度热情呢　◎ 095

家庭和谐，才能消除嫉妒　◎ 098

性格开朗，远离嫉妒　◎ 102

父母不要有过度补偿心理　◎ 105

珍惜与大宝的二人世界　◎ 108

第07章　亲密关系构建：玩儿出来的深厚感情　◎ 111

兄弟姐妹之间要相亲相爱　◎ 112

让大宝二宝一起成长　◎ 114

给孩子玩耍的空间和自由　◎ 116

从游戏中领悟人生的道理　◎ 119

以轮流玩耍的方式做到民主　◎ 121

给孩子一定的私密空间和独处时间　◎ 124

第08章　面对亲子冲突：父母要学会使用扬惩的艺术　◎ 129

不要拿大宝和二宝比较　◎ 130

少管孩子吵架的事情　◎ 133

坚持就事论事，不搞人身攻击　◎ 136

对谁的表扬和批评都不能"过火"　◎ 138

引导孩子"自我批评"与"自我表扬"　◎ 141

如何保护好力量较弱的二宝 ◎ 143

父母何时要介入兄弟姐妹间的纷争 ◎ 146

第09章　竞争及"战争"：大宝和二宝之间不可避免的长期局面 ◎ 149

老师对于二宝的期望 ◎ 150

当大宝二宝攀比成绩 ◎ 152

让大宝和二宝良性竞争 ◎ 154

孩子爱告状怎么办 ◎ 157

孩子为何说脏话 ◎ 160

大宝和二宝都要有小密码 ◎ 163

对大宝二宝一模一样就是不公平 ◎ 165

二孩家庭，如何沟通呢 ◎ 167

第10章　关注孩子内心：健康的心态是孩子成长的关键 ◎ 171

孩子对你说"不"，可能是在试探你 ◎ 172

不要急于戳穿孩子的谎言 ◎ 174

如何看待孩子不听话 ◎ 176

孩子发脾气，爸妈要反思 ◎ 178

帮孩子形成规则意识 ◎ 180

第11章　二孩成长禁区：好父母绝不能做甩手掌柜 ◎ 183

二宝到来，不要送走大宝 ◎ 184

开玩笑一定要适度 ◎ 186

同等看待大宝和二宝　◎ 189
不要改变大宝的生活　◎ 192
为孩子营造良好的家庭氛围　◎ 194

参考文献　◎ 198

第 01 章
二宝到来了：冲突、竞争、快乐、感情都该升级了

新生命从呱呱坠地的那一刻开始，尽管他们要依赖父母的照顾才能生存下来，但是他们已经成为独立的生命个体，有自己的情绪状态，有自己的行为表现，所以，作为父母，即使生养了孩子、哺育了孩子，也不能决定两个孩子之间的关系。在二宝到来的那一刻，整个家庭的结构都发生了质的变化。然而，虽然父母不能掌控两个孩子之间的关系，但是父母可以有选择地组建两个孩子之间的关系，也可以营造和谐、温馨、友好的家庭氛围。

 读懂二孩心理

参与游戏与竞争，才能彼此提升

从孩子成长的角度而言，一个孩子孤孤单单地长大，和两个孩子在一起相互陪伴着成长，有什么不同呢？毋庸置疑的一点是，在不止一个孩子的家庭里，孩子的成长会占据更大的优势。在西方国家某知名专家针对孩子展开的研究中，调查结果显示，那些来自于独生子女家庭的孩子和来自于二孩家庭的孩子，虽然他们都处于四五岁的年纪，二者在行为上却有着截然不同的表现。独生子女家庭的孩子更喜欢独享玩具，他们在考虑问题的时候常常从自身的角度出发，很少考虑到他人的需求，无法与其他同龄的小伙伴快速建立良好的关系。在游戏过程中，他们更强调自身的感受，希望所有游戏的成员都能够围着他们转。不得不说，这对于孩子的成长来说是很不利的。而通过对家庭背景的调查发现，在孩子明显表现出独生子女行为特征的家庭里，家庭往往是独特的4-2-1家庭结构，也就是有四个老人、两个父母和一个孩子。这就注定了孩子在六个成年人无微不至的精心照顾和全心全意的呵护下成长，他们已经习惯了独享家中所有的资源，也习惯了享受家人对他们无微不至的照顾，所以他们不知道如何与人建立友好融洽的合作关系，也不知道怎样主动地与他人分享。更让人感到遗憾的是，在许多独生子女家庭中，父母和长辈并没有意识到孩子在成长过程中遇到的这个巨大问题，反而对孩子投入更多的关注，使得孩子在这方面的表现更加明显。

孩子在成长的过程中出现这样的问题，并不是因为他们天生品质有问题，也不是因为他们能力有限，而只是因为独特的家庭结构为他们营造了

第 01 章

二宝到来了：冲突、竞争、快乐、感情都该升级了

独生子女家庭的生存氛围，让他们的言行举止都表现出相应的特征。

在一个家庭里，当不止有一个孩子的时候，除了老大之外，其他孩子稍稍长大一点就要学会如何与其他兄弟姐妹相处，如要学会如何与兄弟姐妹分享美食与玩具。孩子们不断相处、不断磨合，甚至产生纷争，在这样持续的过程中，兄弟姐妹之间更加深入地了解对方，也逐渐感知到对方的需求。这样一来，他们不得不努力平衡自己的需求和他人的需求，也尽量与他人建立和谐融洽的关系。虽然在非独生子女家庭中孩子必然会发生各种矛盾和争吵，但是他们也在此过程中不断地提升和完善自己的能力，渐渐地学会如何与他人相处，也学会以退为进地实现目标。他们在不知不觉间甚至学会了为他人着想，因为只有这样，他们才能够融洽彼此的关系，才能真正满足自身的需求。

作为非独生子女家庭的父母，他们最大的愿望就是孩子之间可以相亲相爱，彼此帮助和扶持，然而这样的关系并不会因为父母的期望而产生，只有在共同生活的过程中，通过努力地学习，不断积累与兄弟姐妹相处的经验，孩子们才能调整好自身的状态，更好地相处。

不可否认的是，兄弟姐妹们在相亲相爱、彼此扶持和帮助的过程中，也会存在竞争的关系。每个孩子都希望能够得到父母更多的关照和爱护，也都希望能够得到父母更多的认可和赏识。在这样的探索过程中，他们渐渐地明确自己的行为边界，也意识到兄弟姐妹享受多大的权利。他们难免会拿自己与兄弟姐妹进行比较，从而在与兄弟姐妹相处的过程中可以准确把握兄弟姐妹的心理承受能力，也让自己对兄弟姐妹做出的行为恰到好处。

父母会发现，较小的孩子总是在努力观察哥哥姐姐的行为举止，并且他们还会乐此不疲地模仿哥哥姐姐的行为。他们对于哥哥姐姐的言行举止

印象之深刻，简直超出人的想象。他们模仿哥哥姐姐的动作，包括哥哥姐姐做出动作的顺序，都一丝不苟。可以想象，他们在真正做出这些动作之前已经在心中进行了无数次练习，所以才能够如此顺畅地表现出哥哥姐姐的行为动作。当然，有的时候，孩子们也会因为接连失败而处于崩溃的状态，因为他们会发现即使他们像哥哥姐姐那样做，也无法真正获得和哥哥姐姐同样的成就和收获。所以，在经过一段时间乐此不疲的模仿之后，他们会感到情绪崩溃，会做出很多故意对抗哥哥姐姐的行为，也会有意识地破坏哥哥姐姐的成果。实际上，如果了解年幼孩子的这种心理状态，父母就会意识到他们只是在试图引起哥哥姐姐的注意，希望哥哥姐姐可以跟他一起快乐地玩耍。

在此过程中，哥哥姐姐也会成长，在被弟弟妹妹关注和崇拜的时候，哥哥姐姐的内心当然会感到满足。有的时候，为了让弟弟妹妹能够成功模仿他们的行为，他们还会故意降低行为的难度。当然，在弟弟妹妹成功模仿他们的时候，他们又会有意识地提升自己动作的水平，让自己的动作更加复杂和精细。实际上，这好比老师和学生的关系，在促使学生成长的过程中，老师也获得了很大的提升。为此，哥哥姐姐会感到非常有成就感。当然，如果哥哥姐姐把动作提升到太高的难度，以至弟弟妹妹无论怎么努力都无法准确地模仿和顺畅地表现出来，后者就会陷入焦虑情绪之中，甚至大哭大闹，再次做出故意破坏的行为。在这样反复的过程中，老大渐渐地知道行为的边界，在给二宝做榜样和示范的时候，他们就会做得更好，从而最大限度激发出二宝的学习能力，同时保证不让二宝情绪崩溃，这岂不是只有最高明的老师才能做到的吗？

总而言之，在成长的过程中，大宝和二宝总是在一起互相作用，在游戏的过程中，他们亦师亦友，也不断地参与竞争。这使他们进入更好的成

第 01 章
二宝到来了：冲突、竞争、快乐、感情都该升级了

长状态，不但成长速度会加快，心理状态也会更加成熟。所以，父母不要禁止这种竞争，而应该让孩子在自由的环境里充分地成长。

摆脱童年阴影，接纳和解决俩宝的冲突

在心理学领域，很多心理专家都意识到，原生家庭的成长经历会对每个人的一生造成深刻的影响。实际上，在成为父母的时候，当看到自己的孩子们在一起彼此游戏、相互竞争、相互促进成长的时候，很多父母都可能想起自身成长过程中所经历过的、感受深刻的事情。和新一代的孩子相比，父母作为孩子时往往都有很多兄弟姐妹，当然，他们在与兄弟姐妹相处的时候，所体验到的未必都是愉悦的感受，因为以前的父母对于孩子的教育没有那么关注，所以往往不知道应该采取何种方式才能让孩子避免有糟糕的成长体验。为人父母之后，曾经的成长经历常常让父母面对孩子时手足无措，尤其是在教育自家孩子的过程中，他们还会因为这些糟糕的体验而受到负面的影响。

有一个周末早上，甜甜非常想与哥哥乐乐玩，所以她一直在缠着乐乐。但是乐乐并不想现在就和甜甜玩，他只想专心致志地看书，只想一个人享受静谧的美好清晨。因此，乐乐对于甜甜的纠缠非常烦躁，他大声训斥甜甜，甚至因为生气而将甜甜推倒了。听到甜甜尖锐的哭声，妈妈马上赶到他们身边。不用问，妈妈就知道一定是乐乐拒绝了妹妹或者是对妹妹做了什么，妹妹才会哭得如此惊天动地。妈妈当即质问乐乐，乐乐也很委屈，他对妈妈说："我现在不想跟她玩，我只想看书，你把她带走，好吗？"

这句话让妈妈马上想起了自己年幼时和弟弟之间的相处，当时她正

在读四五年级，正是和乐乐一样的年纪，在弟弟总是纠缠着想要和她一起玩的时候，她同样感到非常厌烦。因为弟弟比她小五岁，她已经是大姑娘了，弟弟却还是个小不点儿呢，所以她很不屑于和弟弟玩。直到有一天，她在和小伙伴玩耍的时候，弟弟站在一旁的三轮车上看着。因为想亲近姐姐，弟弟还试图扶着她的肩膀，这个时候她突然推了弟弟一把，弟弟从三轮车上摔下来，由于用手部支撑着地，导致胳膊骨折。当时，她听到弟弟撕心裂肺的哭声，非常害怕赶紧找来了他们的父母。父母第一时间带着弟弟去了医院，到了医院之后，医生诊断弟弟的胳膊骨折了。她陷入深深的内疚之中，但是她一直没有向爸妈承认自己的错误，她很担心爸爸妈妈会因此责骂她。这件事情在妈妈心中留下了深刻的印象，此时此刻她很担心乐乐也会对甜甜做出这样的事情。

每个孩子都是独立的生命个体，因为一母同胞，在同一个屋檐下生活，所以兄弟姐妹之间肯定会有小摩擦。当不止一个孩子在父母面前嬉笑打闹的时候，父母难免会想起自己小时候曾经经历过的不愉快的事情，所以他们对于孩子会有更高的要求，尤其是当看到比较小的孩子陷入撕心裂肺的哭泣之中时，再看到比较大的孩子已经歇斯底里，行为也变得失去控制，此时，父母更会情不自禁地偏向小的孩子，而对大的孩子厉声呵斥。其实，父母应该从童年的阴影之中走出来，意识到孩子相处不但有矛盾、有伤害，更多的是关爱。只有怀着坦然的心面对孩子们的成长，父母才能够做得更好。

父母不得不承认一点，随着二宝的出生，整个家庭的结构发生了本质性的改变，也会面临许多挑战。多一个孩子不仅是多一张嘴的问题，也不是妈妈多一份操劳的问题，而是原本已经进入最佳平衡状态的三口之家的结构遭到破坏。老二的到来，就像是闯入一个入侵者，让这个家庭中的每

第01章
二宝到来了：冲突、竞争、快乐、感情都该升级了

一个成员都面临着很大的改变。

　　父母与孩子之间也是需要相处的，很多时候父母已经习惯了与第一个孩子相处，也习惯了第一个孩子的言行举止，在这种情况下，一个新生命突然到来，而且表现出与第一个孩子完全不同的样子，对此，父母更需要有一颗包容的心。最重要的是，二宝和大宝之间往往相差一定的年龄，这使得他们的身心发展阶段并不处于相同的时期，所以父母不但要照顾到大宝的身心发展特点，也要照顾到二宝的身心发展特点。在这种情况下，一加一不等于二，二加二也不等于四，而是衍生出各种复杂的情况，父母必须用心才能解决。

　　老大与老二发生冲突的时候，父母到底是偏向老大，还是偏向老二呢？在传统的家庭教育观念中，很多人都会偏向老二，因为老二年纪比较小，没有自我保护的能力。而实际上，有很多儿童教育心理学专家提出，父母应该更加偏向于老大，因为老大比起老二更需要面对挑战，也更需要努力适应老二的到来。老大出生的时候家里只有爸爸妈妈，所以他已经习惯了享受爸爸妈妈所有的关爱，而现在他的生活中多出一个小生命，他们需要竭尽所能地去适应新的家庭结构和情况。但是，老二在出生的时候，家里就已经有了爸爸、妈妈和哥哥或者姐姐，所以他理所当然地接受这样四口之家的结构，比起老大，老二根本无须适应家庭生活的改变。

　　父母一定要记住，不管什么时候都要引导孩子们彼此相爱，让他们相互理解，这样，他们在成长过程中，才能够在嬉笑打闹之后依然拥有深厚的手足情义。总而言之，出现争吵后，父母不要马上就表现出偏袒，而是应该先详细地了解情况，并接纳他们倾诉的感受，认真地与他们交谈。当然，最好要让孩子们恢复平静，避免相互指责，这样才能引导孩子们进行自我反思，从而在有了相关经验后知道下一次再遇到类似的情况时如何解

决。总而言之，在一个家庭里，父母并不是孩子的法官，孩子与孩子之间更没有明确的对与错之分。在整个家庭的生活中，每个人都在学习如何更好地成为真正的一家人，也将其作为家庭生活的终极目标。

来自一母同胞的孩子截然不同

就像十个手指头有长有短，孩子们虽然是一母同胞，但是他们是完全不同的生命个体。尤其是当大宝二宝相差一定的年纪时，他们因为处于不同的身心发展阶段，会更加呈现出不同的特点。或者退一步而言，即使孩子们是同卵双胞胎，他们在出生时也已经拥有了不同的性格，表现出不同的气质。尤其是在后天成长的过程中，他们因为各自对于生活的理解、感受和体悟不同，会有更加明显的差别。

不要因为孩子是同一个妈妈所生的就对孩子们提出过分的要求，希望他们表现出更多的相似性和共同之处。即使是一个妈妈所生，家庭环境对于孩子的性格、气质所产生的影响也是非常微妙的。孩子本身的性格也起到一定的决定作用，如哥哥也许非常沉默、内向，温文尔雅；而妹妹却像一个真正的男孩那样顽皮可爱，总是上蹿下跳，而且表现得更加强势。看起来，哥哥和妹妹的性格完全颠倒了，实际上这或许正是他们天生就该有的样子。他们对于生活的关注点不同，表现内心情绪的方式也不同，所以才导致自己与对方有如此的不同。

作为父母，我们不要对孩子相处的模式提出过多要求。例如，当哥哥安静内敛，而妹妹调皮顽劣的时候，妹妹总是对哥哥呼来喝去，甚至要求哥哥为她做很多事情，在这种情况下，如果哥哥没有提出反对的意见，情

第 01 章
二宝到来了：冲突、竞争、快乐、感情都该升级了

绪很平静，父母就不要对此过多参与，毕竟，对于哥哥和妹妹而言，他们有适合彼此的相处模式，父母的介入只会打破哥哥和妹妹之间已经找寻到的微妙平衡。偏偏很多父母在看到孩子们相处的时候，总会认为有些孩子占便宜，有些孩子吃亏，对于那些看起来吃亏的孩子，父母会给予更多的关注，也会情不自禁地偏袒他们。不得不说，这样的态度对于孩子而言并非好事情，反而会让被偏袒孩子最终恃宠而骄，或者扰乱另一个孩子原本平静的心绪，使他对那个欺负自己的孩子表示非常不满。不得不说，父母这样看似公平地照顾吃亏的孩子，反而挑起了孩子之间的事端，让孩子们无法和睦相处。

对于几个孩子之间的相似性，父母也不要带有先入为主的态度。如果第一个孩子总是沉默寡言，那么，父母是希望第二个孩子变得活泼开朗，还是希望第二个孩子和第一个孩子一样安静呢？这并没有一定之规，在孩子没有真正降临人世之前，没有人知道他是什么样子。作为父母，我们只要期待孩子的到来，而不要对孩子作过多的设想，唯有如此，才能让孩子自由自在地成长和发展，才可以给孩子更大的空间，让他们成为自己的样子。

父母一定要意识到，即使是同一个妈妈所生，孩子们的性格特征等也并不一定完全相同，有时甚至连很大的相似性都做不到。既然如此，父母的心为何不更加开阔、真正接纳和包容孩子呢？唯有如此，孩子们之间才能相互理解，才能更好地面对对方。当然，随着孩子之间关系的和谐融洽，整个家庭也会进入更好的状态，营造出温馨的氛围。

强者和弱者只是相对而言的

很多细心的父母会惊奇地发现,在一个家庭里,虽然孩子们有同样的家庭结构,享受着同样的家庭氛围和环境,但是他们总是会自觉主动地去扮演不同的角色,填补家庭生活中的一些空白。他们扮演的角色往往具有很大的不同,仿佛有人故意安排他们去变成这样的家庭成员,在家庭中承担起相应的责任和义务。在一个家庭里,如果姐姐或者哥哥的性格非常暴躁,则弟弟或者妹妹的性格则相对安静柔弱,也更容易以温和的方式解决问题;如果姐姐或者哥哥的性格非常温和安静,那么,弟弟或妹妹虽然是晚出生的那一个,但是他们往往会在家庭中扮演更加积极主动的角色,有的时候甚至转换身份,成为哥哥或者姐姐的庇护者。不得不说,这是命运的召唤,他们承担起这样的角色,是在响应内心深处的号召,也是因为感受到这个家庭的需要,才作出这样的选择。

从心理学的角度而言,孩子们之所以有这样的表现,是因为他们开始渐渐地了解对方的性格与气质,也开始有的放矢地满足对方的需求。当然,不可否认的是,每个孩子从出生就带有先天的性格色彩,然而先天的性格色彩并不能决定孩子的性格发展。通常情况下,后天的成长更容易影响孩子性格的养成,所以,父母要知道在养育孩子成长的过程中应该避免哪些问题,并更好地引导孩子。有时候,父母不正确的行为反应会加重孩子的心理负担。父母应该尽量使家庭生活处于平衡状态,从而让孩子自由地发展天性。

但性格并不是一成不变的,有的时候,在特殊的环境下,人们也会表

第 01 章
二宝到来了：冲突、竞争、快乐、感情都该升级了

现出与惯常性格截然相反的性格。例如，有的时候，一个性格非常急躁的孩子，也可能会在特定的情况下与兄弟姐妹友好地相处；有的时候，一个看似非常安静的孩子，也会因为情绪的冲动而做出过激的举动。所以，父母不要过多介入孩子之间的交往，而应该让孩子有自由的空间去选择最适宜自己的交往方式。要记住，孩子总会根据对方的行为表现和性格特征作出相应的调整，也许他们并不能意识到调整行为，但是他们的确就是这么做的。这一切看起来都很神奇，不是么？重要的是，父母要为孩子们营造一个充满爱与自由的环境。

在不停地相处和磨合的过程中，那些有独特性格天赋的孩子最终会找到与性格暴躁的兄弟姐妹相处的最佳方式。他们也许会一次两次激怒对方，但是，随着次数越来越多，他们会意识到，也许只要说出一句很适当的话，就能马上让对方怒气全消。这样一来，对方当然愿意为他们付出，也很喜欢和他们在一起玩耍。这就是父母会发现孩子之间不时出现让人感动的瞬间的原因。作为父母，我们不要介入这些瞬间，也不要去促成这些瞬间的出现，而要更加尊重孩子的天性，也要给予孩子更大的空间，从而让孩子们在相处过程中更加深入地理解对方，也能够自发自觉地调整自身的行为状态。

要知道，孩子之间的交往绝不是一朝一夕的事情，兄弟姐妹之间是一辈子的陪伴和相守。父母能够陪伴孩子的时间有限，等到父母有一天终于老去，离开人世，兄弟姐妹之间却依然是手足情深，彼此相依相伴。所以说，兄弟姐妹是这个世界上能够互相陪伴时间最长的人。作为父母，我们要引导孩子珍惜兄弟姐妹间的情谊，最好的方式不是参与他们的交往，而是为他们营造更好的交往氛围和环境。唯有如此，孩子们才能学会以自己的方式对待对方，才能够找到最佳的相处模式。

011

父母要记住，在兄弟姐妹的相处之中，没有谁是真正的强者，也没有谁会一直都是弱者，强弱只是相对而言的。当他们能够以彼此更喜欢的方式相处，他们就会拥有更深厚的感情，而此时，所谓的强弱也许会发生微妙的变化。作为父母，当看到某个孩子处于劣势地位的时候，我们一定不要急于干涉兄弟姐妹之间的关系，而应采取静观其变的态度，在保证孩子安全的情况下，让他们自由地相处。也许他们最终找到的相处模式会让父母大吃一惊，甚至会远远超出父母对他们关系的期望，给父母一个大大的惊喜。

一边冲突，一边和解

在父母不在场的情况下，兄弟姐妹之间的冲突也能够得到很好的解决，甚至有可能出现这样一幕——原本常常发生矛盾和争执的兄弟姐妹之间，此时此刻却非常有爱，彼此相互帮助和扶持，而很少爆发出矛盾。这是为什么呢？为何父母在现场时兄弟姐妹之间反而会更频繁地冲突，甚至彼此之间相互伤害呢？

兄弟姐妹之间相互伤害的概率是非常小的，虽然这并不可能绝对避免，但也只是在极端情况下发生。实际上，手足之间之所以发生矛盾和争执，是因为他们潜意识里希望父母能够参与他们之间的斗争，从而给予他们之间的某一方更多的偏爱。从儿童心理学的角度来说，他们很愿意在冲突过程中见证父母对他们的爱到底有多深；另外一方面，则是因为父母在场可以有效地控制事态，从而避免发生更加危险和极端的事情。在孩子心目中，父母仿佛是他们行为边界的确定者，哪怕他们不知道自己的哪些行

第 01 章
二宝到来了：冲突、竞争、快乐、感情都该升级了

为是可以被接受的，哪些行为是绝对不能做出的，当父母在场，看到他们做出不恰当的行为时，父母也会马上对他们进行制止。这样一来，他们就可以更加肆无忌惮地顺从自己的内心去做出各种举动，而完全不必担心自己的行为会导致多么严重的后果。当其中一方受到父母的偏袒时，他会更加扬扬得意，也会更加肆无忌惮，所以，父母一定要公平对待孩子，这样才能够有效减少孩子之间的冲突，并降低冲突的程度。

很多父母看到兄弟姐妹之间发生冲突时就会马上情绪激动，恨不得立即冲上去制止，只有少部分非常明智的父母能够控制好自己，安静地做兄弟姐妹之间冲突的旁观者，因为他们很确定，在不断发生冲突的过程中，每一个孩子都会得到学习和成长。在此过程中，孩子们也一定会越来越早地意识到如何才能与兄弟姐妹更好地相处。作为父母，我们一定要控制好内心愤怒的情绪，打消自己冲动的念头，暂作壁上观，在旁边密切注视着，其实是对孩子最好的对待方式。

与此同时，这么做也是给予孩子机会去反思与兄弟姐妹之间的关系，等到孩子们想出办法来解决问题的时候，即使这个方法非常稚嫩，父母也不要过多干涉，要知道，这个办法是孩子们自己想出来的，他们需要验证这个方法的效果，从而得到更大的进步。等到孩子之间的冲突恢复平静的时候，父母可以和孩子们彼此倾心交谈。当然，在此过程中，父母可以提醒比较大的孩子，如果对弟弟或者妹妹做出过激的举动，会给弟弟妹妹带来多大的伤害。然后，父母还要训斥、批评年纪比较小的孩子，告诉他不要故意激怒哥哥或者姐姐。这样双方各打五十大板的做法，会让孩子们意识到父母的公平，也会使孩子们知道他们的行为边界在哪里。

在孩子发生冲突的时候作壁上观，在伤害即将发生的时候再跳出来喊停，却不偏袒任何一个孩子，而是等孩子们情绪恢复平静的时候再来分

析这件事情，这是最明智的父母应该采取的态度和做法。毕竟兄弟姐妹的相处是一生一世的事情，父母不可能永远给他们当裁判官，只有引导孩子们找到彼此喜欢的相处模式，并引导孩子们照顾到对方的感受也保护好自己，让兄弟姐妹的关系更加和谐、融洽，家庭生活才能一直保持温馨和快乐的氛围。

第02章
要让孩子知道:"手足"是这个世界上最好的礼物

对于孩子来说,这个世界上最好的礼物是什么呢?也许少不更事的孩子会说是美味的食物和好玩的玩具,是有趣的书籍和刺激的游戏。的确,这些东西都是孩子成长过程中不可或缺的东西,但是,对于孩子来说,最长情永久的陪伴是手足的陪伴。也许孩子会从父母那里得到最深的爱和最周到的照顾,但是,真正能够陪伴孩子走过一生的是兄弟姐妹。当父母渐渐老去,兄弟姐妹依然存在,在对方的生命之中发挥着重要的作用。在遇到危机的时刻,兄弟姐妹能够携手并肩、砥砺前行,消除彼此心中的恐惧和不安。这样的礼物,才是最美好的礼物。

 读懂二孩心理

让两个孩子相亲相爱

　　独生子女家庭的父母常常会在带孩子出去玩的时候遇到这样的情形：孩子和同龄的小伙伴开心地玩着，无论如何也不愿意回家，在不得已分手的时候，甚至非得要求小伙伴来自己的家里，或者厚着脸皮坚持要去小伙伴的家里。和小伙伴在一起，他们原本不喜欢吃的饭菜也变得香喷喷、非常诱人，原本不喜欢的玩具也充满了吸引力，让他们玩起来爱不释手。不得不说，并不是饭菜和玩具发生了本质的改变，而是孩子的心境发生了变化，所以他们才会从普通的饭菜中吃出美味来，才会从寻常玩腻了的玩具中找到新的乐趣。

　　曾经有一位育儿专家说，哪怕父母再怎么怀着一颗赤子之心去陪伴孩子成长，都不可能真正取代同龄人在孩子成长中的重要作用，这是因为，只有在和同龄人相处的过程中，孩子才能够获得更多学习和成长的机会，才能够获得心灵的密码，与同龄人进行感情的沟通。所以，如果父母要想送给孩子一份世界上最珍贵美好的礼物，那么，不是美食，也不是玩具，更不是那些书籍，而是给孩子一个兄弟姐妹，这样，孩子成长的过程才不会孤单。他们也许会在相处的过程中打打闹闹、争执不断，但是，他们也会更多地从对方的身上得到感情的依托，从而相互依赖、彼此亲近，并有动力在一起相依相伴，做更多有意义的事情。在有了兄弟姐妹之后，孩子对于父母的依恋往往也没有那么深了，因为他们更愿意和兄弟姐妹在一起，也愿意和兄弟姐妹一起感受生活的喜怒甘甜。

　　现代社会，有很多孩子都非常孤独，因为，在推行计划生育政策的几

第02章
要让孩子知道:"手足"是这个世界上最好的礼物

十年来,大多数家庭里都只有一个孩子,甚至连孩子的父母本身也是独生子女,这使得孩子不但没有亲生的兄弟姐妹,也没有堂、表兄弟姐妹。在这种情况下,孩子必然非常孤独,连走亲访友的时候都是独自在玩耍。当孩子常常被关在钢筋水泥的家里孤独地玩耍,孤独地吃饭,孤独地游戏,孤独地盯着电视屏幕时,可想而知,这样的童年并不是孩子想要的。

有些父母认为,如果父母能抽出时间与孩子相处,给予孩子最亲密的陪伴,孩子就不会孤独。其实不然。孩子在与父母之间建立亲密的亲子关系之后,还需要和一个与他处于相似身心发展阶段的同龄人进行交往。在此过程中,他们可以学习同龄人,也会不知不觉中模仿同龄人的各种举动,同时还会发挥自身的社会交往能力。这个人如果是孩子的兄弟姐妹,每天都与孩子朝夕相伴亲密相处,那么就会给孩子的成长带来不可取代的重要影响。

不可否认的是,父母与孩子所处的年龄阶段不同,双方之间必然存在着代沟。所以,通常情况下,父母无法真正走进孩子的内心世界,了解孩子的奇思妙想,也无法完全放下父母的身价,与孩子尽情尽兴地玩耍。有些游戏,孩子觉得兴致盎然,父母却觉得兴致索然、了无乐趣。所以,大多数父母看似在陪孩子,却并没有用心,而只是形式上的陪伴。孩子们在一起时,常常玩过家家的游戏,他们每个人扮演不同的角色,非常投入地演绎着角色中的人物,在这样的游戏过程中,他们能够获得更加丰富的心灵体验。而父母则无法与孩子进行这样的游戏,因为父母的心理角色是父母,而很难像孩子一样放下自我,拼尽全力把游戏角色扮演得更真实。

从沟通的角度来说,父母与孩子沟通的方式也是完全不同的。成人有成人的表达方式,孩子有孩子的语言,所以孩子与成人之间很难用彼此都

喜欢的方式进行沟通。孩子与孩子在一起玩耍时则不同，他们不但可以完全顺畅地沟通，也可以在与对方相处的过程中找到自己更合适的位置。如果人际关系出现障碍，他们就会采取坚持或者妥协的态度。若不能达到既定的预期，他们还会主动调整方案。总而言之，两个孩子在一起可以玩得很疯狂而将安全的问题抛在脑后，而父母陪伴孩子玩耍的时候，却总是把安全问题挂在嘴边，导致孩子每时每刻都处于被父母提醒的状态，而要随时调整自己的行为，无法做到全身心地投入。

父母再爱孩子，也不可能照顾孩子一辈子。父母即使怀着赤子之心与孩子相处，也不可能真正变成孩子。所以，与其买各种各样高档的玩具给孩子，陪伴孩子，不如给孩子一个手足，让孩子在成长的过程中拥有手足之情，学会分享，学会与人相处，也更加健康快乐。

大宝可以引导二宝成长

很多父母之所以对于是否生二孩感到非常犹豫，是因为他们觉得时间和精力有限，照顾一个孩子就已经忙得手忙脚乱，根本没有时间和精力再去多照顾一个孩子。然而，在真正生完第二个孩子、度过了二宝的襁褓时期之后，父母往往有一个意外的发现，那就是和照顾一个孩子相比，照顾两个孩子虽然花费了更多的时间和精力，但是并没有想象中那么难，有些父母甚至认为两个孩子更加好带，而一个孩子却很难带。这是为什么呢？因为孩子有学习和模仿的本能。有了大宝作为榜样，二宝很容易就会找到行为的标杆。当大宝看书的时候，二宝也会马上捧起书本有模有样地看；当大宝大块朵颐地吃饭时，二宝也会吃得狼吞虎咽，香喷喷的；当大宝去

第 02 章
要让孩子知道："手足"是这个世界上最好的礼物

上学的时候，二宝会质疑自己为什么不能去上学，因而对去幼儿园充满了期待。不得不说，大宝成了二宝的引路人，也成了二宝最好的榜样。所以，就像羊群里有领头羊一样，父母只要按照既往的方式管教好大宝，那么二宝的教育就会水到渠成，乃至事半功倍。

大宝不但可以给二宝树立榜样，还可以和二宝在一起玩耍。有两个孩子在一起，原本不那么美味的饭菜变得可口，原本不那么有趣的玩具变得好玩，孩子们会更加投入地对待一个简单的游戏，只因为他们有了一个最好的玩伴。的确，二宝出生后的两三年，父母是非常累的，因为，和照顾一个孩子相比，他们在时间和精力上都要付出更多，但是，熬过这个阶段，等到两个孩子之间可以进行互动和交流的时候，父母会发现带养两个孩子比带养一个孩子更加轻松。如果父母对于大宝的引导非常到位，那么大宝非但不会给父母添麻烦，反而会为父母做很多力所能及的小事情，成为父母不折不扣的小帮手。很多父母都惊讶地发现，在二宝出生之后，大宝似乎在一夜之间长大了，这是因为角家庭角色的改变让他们有了自己的责任和使命，也让他们可以主动地成长起来。

通常情况下，大宝和二宝的关系越是亲密无间，二宝对大宝的崇拜就越是发自内心。当然，这样的崇拜会让二宝主动学习和模仿大宝，所以很多二宝最大的愿望就是成为像大宝那样的人。对于大宝来说，他们已经知道自己是二宝的楷模，所以会主动提高对于自身的要求，也会想方设法地去指导二宝。在这样的过程中，大宝会获得满足，他们意识到，随着二宝的到来，他的家庭地位变得越来越高，也会觉得他在这个家里变得更加举足轻重。基于这样的想法，大宝们会更加开动脑筋，有更好的行为表现，因为这样不但可以得到二宝的崇拜，还可以得到爸爸妈妈的认可与感谢，可谓是一举数得。因此，养育二孩的爸爸妈妈只需要多辛苦几年而已，等

到两个孩子渐渐长大，他们会手牵着手，一起努力进步，这个时候，爸爸妈妈就能感到很欣慰。

如今，在很多独生子女家庭里，爸爸妈妈都发现孩子的社交能力很差，这是因为他们习惯于接受父母无微不至的照顾，并接受长辈全心全意的爱，为此，他们总是以自我为中心，而很少顾及他人的情绪和感受，也无法满足他人的需求。可想而知，这样以自我为中心的孩子进入社会生活之中后，将很难与身边的人建立并维护友好的关系。但是，在非独生子女家庭中，孩子在社交方面的表现则会更加优秀，这是因为他们从小就要学会与兄弟姐妹相处。在与兄弟姐妹相处的过程中，他们一方面会因为各种矛盾和冲突而不断地反思自身，另外一方面也会为了彼此的和谐关系而相互帮助，所以，对于大宝和二宝而言，他们的成长是相互促进的，他们也是彼此最好的伙伴。

很多父母担心二宝太小，不懂得如何与大宝相处，也害怕二宝不具备保护自己的能力，会在相处过程中吃亏。实际上，孩子的适应能力是非常强大的，他们看似懵懂无知，内心却非常敏感。在一起成长的过程中，他们会学会如何以更好的方式对待对方，也会学会以自己的力量去影响对方。总而言之，父母无须过于担心孩子的关系问题，因为，在处于同一个屋檐下亲密生活的过程中，孩子们一定能够学会与兄弟姐妹相处的方式。这样一来，他们也会具备与身边人相处的能力，等到未来进入社会之中，更会收获好人缘。

第02章
要让孩子知道："手足"是这个世界上最好的礼物

向大宝预告弟弟妹妹即将到来的消息

在二胎政策刚刚放开的时候，曾有一篇报道，有一个40岁的妈妈已经怀上二胎三个月，却因为大女儿的强烈反对而不得不终止妊娠。对于妈妈来说，她因为大女儿的激烈反应而不得已忍痛作出了这样的选择，她的心里一定会有永久的创伤。听说二宝要到来，已经十几岁的姐姐不仅再三反对，而且，在父母对她的反对意见没有采取措施的情况下，她竟极端地以自杀的方式要挟父母。不得不说，这样的孩子虽然这一次可以以极端的手段制止二宝来到这个世界，但是，在未来进入社会生活中后，却没有人会这样顺从她的心意、照顾她的情绪感受，乃至满足她所有的需求。可想而知，她未来的人生必然充满坎坷，会遭遇巨大的挫折。

在独生子女家庭里，很多大宝都不愿意二宝到来，究其原因，是因为他们已经习惯了独享家里所有人的爱，占有家里所有的资源。一旦二宝到来，他们便会觉得到自己受到威胁，这样的孩子客观来说是非常自私的。除了这些孩子之外，也有一些孩子对于二宝的到来充满憧憬，有些孩子甚至主动地要求父母再生一个小弟弟或者小妹妹。不得不说，这样的孩子内心非常宽容，他们的爱也很博大，所以他们才会希望拥有手足。如何把二宝即将出生的消息告诉大宝，对于很多父母来说都是一个难题，因为，从父母的角度来说，他们已经开始担心二宝的到来会分享大宝的资源、影响大宝原本的生活。父母有这样的担忧是可以理解的，但二宝对于大宝的成长会起到非常积极的作用。作为父母，我们不要只看到二宝出生对于大宝产生的消极作用。

为了帮助大宝更好地接受二宝,在决定要生二宝的时候,爸爸妈妈就应该提前告诉大宝这个消息。当然,在告诉大宝这个消息的时候,爸爸妈妈既要郑重其事,也不要显得过于严肃,因为孩子很容易受到爸爸妈妈情绪的影响。如果爸爸妈妈对于二宝到来这件事情怀有过激的态度,甚至觉得二宝到来一定会严重影响大宝的生活,那么这种情绪就会传染给大宝,导致大宝对于二宝的到来怀着反对的态度。爸爸妈妈应该像说起今天中午要吃什么饭一样告诉大宝,家里很快就会再多一个小弟弟或者小妹妹,这样大宝才能以顺其自然的态度接受二宝的到来。当然,不要忘记告诉大宝,爸爸妈妈是非常爱他的,这样才能有效安抚大宝的情绪,大宝才能够积极地配合,迎接二宝的到来,妈妈才能够心安理得地孕育二胎。很多爸爸妈妈都过于在乎大宝对于二宝到来的感受,导致大宝的反应更加过激。有极少数爸爸妈妈认为,大宝还小,什么事都不懂,所以无须告诉大宝小弟弟或者小妹妹即将出生的消息。实际上,大宝虽然小,但是他们的心非常敏感、细腻,父母以为他们什么都不懂,他们却什么都知道。为此,爸爸妈妈一定要处理好二宝到来的消息传达,安抚好大宝的情绪,从而让整个家庭都顺利度过迎接二宝到来的特殊阶段。

在孕育二宝的十个月时间里,妈妈的身体会发生很大的变化。原本,妈妈可以和大宝疯狂地玩耍,无限地亲近,但是,随着孕期的不断推进,慢慢地,妈妈的身体会变得笨重,同时,出于安全的考虑,不能再和大宝做过于剧烈的运动。那么,如何避免大宝产生失落的感觉呢?妈妈在孕早期就应该培养大宝对于胎儿的感情。例如,可以让大宝经常抚摸妈妈的肚子,甚至可以让大宝给妈妈肚子里的小弟弟或者小妹妹讲故事。当大宝和妈妈一起憧憬小弟弟或者小妹妹的到来时,大宝对于小弟弟、小妹妹的感情也会不断地加深。如此一来,他们当然不会为二宝到来后给他们生活带

第02章
要让孩子知道："手足"是这个世界上最好的礼物

来的小小影响而懊恼，反而很期待二宝出生之后可以和他们一起玩耍，可以和他们睡在同一张床上、彼此相望，可以和他们分享美食和玩具。怀着这种憧憬，大宝就会拥有更加积极的情绪。

二宝出生之后，父母一定会经历一段手忙脚乱的时间，他们不但要照顾大宝，更要全力以赴地照顾好二宝。为此，他们难免会出现时间和精力分配不均匀的情况，并更多地关注二宝。实际上，很多父母在这个阶段都会犯一个严重的错误，那就是为了照顾二宝而忽略了大宝。二宝的出生的确给大宝的生活带来了很大的改变，父母在这个关键时期要密切关注大宝，从而帮助大宝度过这个阶段，让大宝和父母一样满怀欣喜地对待二宝。唯有如此，大宝才会切实意识到，即使家里又多了一个孩子，父母对他的爱也从来没有改变，从而获得真正的安全感。其实，很多大宝之所以排斥和抵触二宝，就是因为担心爸妈在有二宝之后不再爱他们，只要让大宝准确地意识到爸爸妈妈对他们的爱从来不会改变，大宝就会更加欢迎二宝的到来。

日常生活中，父母也可以有意识地告诉大宝，二宝的到来将会给他带来哪些实实在在的好处。例如，即使遇到阴天下雨的日子不能去公园，家里也会有一个孩子陪着大宝玩耍。二宝出生后，大宝就变成了哥哥或者姐姐，在家庭中的地位也变高，所以他要肩负起哥哥或者姐姐的任务照顾小弟弟或小妹妹。这些好处对于大宝来说都应该是实实在在的。人都是有利己主义倾向的，当大宝意识到二宝的出生会给他带来这么多益处时，他当然会感到非常高兴。

父母在向大宝告知消息的时候，要注意态度和方式。如果父母对于二宝的到来怀有过于强烈的喜悦，那么，大宝即便年纪小，也能够感受到父母的心态，这样一来，他们就会觉得爸爸妈妈对于二宝的重视程度超过对他的重视程度，进而感到非常失落，甚至抗拒二宝的到来。所以爸爸妈妈要把握好自身的情绪状态，把握好自己的情感与态度，这样才能够对大宝起到更好的照顾和安抚作用。对于大宝来说，家里多一个人，生活将会发生很大的改变，所以，父母要成为大宝最坚定的安全感来源，这样大宝才能心平气和，才能憧憬二宝的到来。

大宝为何会出现"行为退步"呢

很多父母会惊讶地发现，在二宝出生之后，原本已经到了幼年时期的大宝居然出现了行为倒退的现象。例如，大宝原本在两岁之后就已经不愿意喝奶瓶了，现在却抱着奶瓶咕嘟咕嘟有滋有味地喝了一大瓶奶。这是为什么呢？实际上，这与大宝的心理状态有密切的关系。

虽然大宝还小，但是，通过观察，他会发现，二宝之所以得到妈妈更多的照顾和陪伴，是因为二宝整天除了哭什么也不会，而且二宝总是要喝奶瓶，总是要用尿不湿，所以大宝就得出一个结论：如果我变得和二宝一样，就可以得到妈妈同样的爱与关照。为此，大宝在潜意识的影响下做出行为倒退的表现，以博得妈妈的关注和照顾。在发现孩子出现这种行为倒退的现象时，妈妈不要紧张，也不要急于纠正大宝的表现。所谓心病还须心药医，解铃还须系铃人，既然大宝想以行为倒退来吸引父母的注意、得到妈妈更多的关爱，那么父母就要满足大宝的情感需求，妈妈也要抽出时间陪伴大宝，像对待小婴儿那样对待大宝，满足大宝的情感需求。这样一来，大宝就会与妈妈更加友好地相处，行为倒退的现象也会渐渐消失。

林林出生的时候，木木已经五岁了。原本五岁的木木表现非常好，生

第02章
要让孩子知道："手足"是这个世界上最好的礼物

活基本实现自理，每天可以独立吃饭穿衣服，也可以独自玩耍很长时间。为此，在整个孕期，妈妈都过得很轻松。因为知道妈妈的肚子里住着一个小宝宝，所以木木总是很小心，也从来不让妈妈抱。每次出去玩，木木都会自己跟在妈妈后面走，与妈妈手牵着手。有的时候，木木和妈妈还会边走边聊天，所以妈妈逢人便说，木木是一个很懂事的大哥哥。

在林林出生之后，妈妈发现木木的行为有了很大的改变，如从来不爱哭的木木，每当林林开始哭的时候，他也会哭泣起来。有的时候，妈妈正抱着林林喂奶呢，木木却非要妈妈抱着他，也要求吃奶。看到木木这样的表现，妈妈很困惑，也为此对木木的表现不满意。尤其是妈妈手忙脚乱的时候，木木还会抱着妈妈的大腿求抱抱，这让妈妈觉得木木简直是在"趁火打劫"，所以她不止一次为此批评木木。遗憾的是，木木的行为没有好转，反而越演越烈。一个偶然的机会，妈妈和儿童心理学专家说起这件事情。听到妈妈的描述，专家不由得笑起来："你的所作所为只会加重孩子的退化行为，而不能让孩子有意识地提升自己的行为表现。"妈妈很纳闷："这是为什么呢？我已经很严厉地批评他了呀，难道他喜欢被批评？"专家说："他并不喜欢被批评，是你弄错了他的需求。他的需求，不是被你批评，而是得到你的关注。他想让你像关注二宝和爱二宝一样去呵护他，你并没有这么做，所以他的需求越来越强烈，他的行为表现也越来越与你希望的背道而驰。"听了专家的话，妈妈恍然大悟，觉得专家说得很有道理。此后，当木木出现某些行为倒退的现象时，妈妈就会有意识地满足领木木的需求。例如，妈妈会抱起木木，把他放在与弟弟的床相邻的大床上，也会给木木准备一个奶瓶喝奶。果然，这么坚持做了一段时间之后，木木的表现越来越好，他再也不像一个婴儿那样缠着妈妈。

当二宝的出生导致大宝出现行为倒退的现象时，父母往往会对大宝的

行为表现产生误解。他们觉得大宝是故意在任性撒娇，给父母添麻烦，却不知道大宝真正的心理需求，因而导致大宝的行为退步现象越来越严重。正如事例中儿童心理专家所说的，如果想让大宝的行为有所改善，就要满足大宝的心理需求，让他从父母那里获得安全感，这样大宝才不会通过这样的方式来吸引父母的注意。

妈妈的时间和精力都是非常有限的，在二宝出生之后，因为要照顾新生儿，所以妈妈陪伴大宝的时间会明显减少。在这种情况下，爸爸一定要作努力，尽量填补上大宝陪伴时间的空白。当妈妈忙碌的时候，爸爸可以更多地陪伴大宝。有的时候，妈妈不那么忙，也可以放下二宝的事情，主动陪伴大宝。当然，除了与大宝单独相处的时间之外，妈妈还可以创造机会让大宝与二宝亲密相处，这样，大宝的心理和感情需求才能够获得满足。

没有人知道，在二宝出生的时候，大宝看着爸爸妈妈更加疼爱和关注二宝，他们的内心有多么恐惧。对于大宝而言，父母是他们在这个世界上唯一的依靠和生存的保障，也是他们得到爱的来源。出于这样的心理，大宝会非常紧张，因此，爸爸妈妈在与大宝相处的时候，要给予大宝更多的爱与关注，让大宝意识到，随着二宝的到来，爸爸妈妈对他们的爱非但没有减少，反而变得越来越多、越来越浓重，这样一来，大宝自然会感到心安。

维护两个孩子之间关系的平衡，对于二孩父母而言是一个难题，很多时候，孩子的心思看似简单，却又非常细腻，父母即使一个不经意的举动，也会打破孩子心中微妙的平衡。总而言之，父母一定要更加爱护孩子，要全身心投入地对待两个孩子。尤其是在二宝刚出生的时候，父母要更加关注大宝，这样才能够让大宝的心感到安宁，才能够让大宝更加积极主动地迎接二宝的到来。

循循善诱讲故事，循序渐进引导大宝

照顾二宝已经精疲力尽，爸爸妈妈还有足够的时间和精力去陪伴大宝吗？的确，每个人的时间和精力都是有限的，在二宝身上花费的时间和精力太多，必然导致在大宝身上花费的时间和精力减少，所以爸爸妈妈应该平衡好在大宝和二宝之间的投入，这样才能够给予大宝更好的情绪体验。

父母必须要明确的是，不管孩子是否独生子女，他们都同样渴望得到父母所有的爱与关照，因此，当二宝出生的时候，大宝难免会感到自己的生存受到威胁。在这种情况下，父母更要向大宝说明自己的爱从来不曾改变，让大宝获得真正的安全感，从而帮助大宝会保持情绪平静。父母还要常常对大宝做出亲密的动作，让大宝可以在父母的怀抱里缠绵，也可以在父母的亲吻中感到快乐。当然，因为过于疲惫，父母在陪伴大宝的时候也许会心不在焉，对此，大宝是能够敏感觉察到的，所以，父母不但要陪伴大宝，还要给予大宝高质量的陪伴，全身心投入地关注大宝，这样大宝才能够感受到父母的爱。

尽管父母想了很多办法告诉大宝二宝即将出生的现实，但是大宝未必能够形象地意识到家里多了一个新生命到底意味着什么。所以，父母还应采取形象的方式告诉孩子，如以讲故事的方式。这样一来，大宝就可以更加形象地感知到二宝的到来会让他的生活产生怎样的变化，从而在二宝到来之前就作好心理准备，并更加理性地迎接二宝的到来。

孩子在幼儿园阶段，抽象思维能力的发展还不成熟，他们在思考问题的时候主要以形象思维为主。为此，妈妈在告诉大宝二宝的到来时，可以告诉大宝，在妈妈的肚子里住着一个小宝宝，小宝宝不断地长大，让妈妈的肚子变得像大西瓜一样又大又圆。虽然此时此刻妈妈的肚子也许并没有明显的变化，但是，在形象的描述之下，大宝就可以想象出妈妈未来的样子，等到妈妈真的变得大腹便便的时候，大宝也就不会觉得难以接受了。

有很多优秀的绘本中不乏关于二孩家庭的作品。在读这些绘本的时候，绘本上鲜明、形象的图案会给大宝留下更加深刻的印象。也许大宝还没有具备很强的记忆能力，但是，只要妈妈经常和大宝讲起关于二孩家庭的绘本，渐渐地，大宝就会印象深刻，也会因此而对二宝的到来满怀憧憬。

有些父母误以为大宝和二宝之间的关系是在二宝出生之后才开始建立的。其实不然。等到二宝出生之后再忙于去建立手足关系，实则已经非常晚了，也会让家庭关系陷入很被动的状态。明智的父母会在二宝真正到来之前，也就是计划要二宝的时候，就先给大宝灌输二宝的观念，从而让大宝更加理性地对待二宝的到来。明智的妈妈还会在二宝出生之前就让大宝和妈妈肚子里的二宝进行一定的交流，培养他们手足之间的感情，这样一来，大宝对于二宝的到来就会充满期待，也会更加宽容。

大宝几岁时父母适合生二宝呢

在准备要二宝之前，很多父母都在犹豫一个问题，那就是两个宝宝之间应该相差多少岁，特别是那些准备充分想要二宝的家庭，往往会更早地考虑到这个问题。至于那些二宝不期而至的家庭，则无须为这个问题烦忧。那么，在有计划地要二宝的情况下，两个宝宝之间到底相差多少岁才

第02章
要让孩子知道："手足"是这个世界上最好的礼物

是最好的呢？

关于这个问题的回答，仁者见仁，智者见智，有的人认为两个孩子应该相差一到两岁，这样既可以一次性把两个孩子带大，也可以让两个孩子年纪相仿，玩耍得更加投入。也有的父母认为两个孩子之间至少要相差五岁以上，这样一来，大宝已经渐渐长大，父母可以腾出更多的时间和精力照顾二宝，也不至于因为二宝的到来而对大宝疏于照顾。当然，这些说法都是有道理的，各有利弊。在真正考虑二孩问题的时候，父母还应该从家庭的角度出发。例如，有的家庭中有老人帮忙带养孩子，那么，即使两个孩子年龄相差小一些，人手上也是充足的，可以带得过来。有的家庭里没有老人帮忙，只有父母亲自带养孩子，那么，两个孩子之间最好相差五岁以上，这样一来，大宝已经上小学，有了一定的自理能力，可以做到基本的自理，爸爸妈妈便有时间和精力照顾二宝。相差年龄很小，自然有一定的好处；相差年龄很大，也会给父母带养孩子带来很大的便利。总而言之，每个家庭都有每个家庭的情况，父母们要根据自身家庭的实际情况来决定什么时候才是要二宝的最好时机。

很多爸爸妈妈都有想要二宝的心愿，但是，随着大宝不断地成长，他们越来越纠结，什么时候才是要二宝的好时机呢？有些家庭里大宝二宝只相差一两岁，父母非常劳累，虽然两个孩子玩得很高兴，但是父母总是手忙脚乱，为此夫妻之间的关系也受到影响。为了照顾好孩子，父母不得不把大部分的时间、精力都投放到孩子身上，导致家庭生活并不那么稳定和美。至于那些俩宝相差两到四岁的家庭里，妈妈在生完大宝之后有足够的时间恢复身体，但是，当二宝出生的时候，大宝正处于宝宝叛逆期，所以，面对二宝的出生，大宝往往情绪反应非常激烈，总是和二宝抢妈妈。这段时间里，妈妈分身乏术。有的家庭里大宝和二宝相差的年龄很大，尤其是随着二孩政策的放开，有一些家庭，大宝已经进入青春期，这时妈妈才生二宝。不得不说，在这样的家庭里，手足情深是很难实现的，因为俩宝根本玩不到一块去。而妈妈呢，在把大宝带到青春期之后，好不容易大宝可以独立学习、照顾好自己的生活，妈妈却要投入对一个新生命的照顾之中。这样一来，无疑把妈妈抚育孩子的过程大大地拉长。这使得二宝进入宝宝叛逆期的时候，大宝正处于青春叛逆期，而妈妈则很有可能已经进入更年期早期，所以整个家庭处于"鸡飞狗跳"的情况之中。

既然每件事情都不可能做到两全其美，父母在养育孩子的过程中也就只能够根据自身的需要有所侧重。需要注意的是，凡事不要奢望十全十美，否则就会身心俱疲。对于计划要二宝的家庭来说，当然可以未雨绸缪，让两个孩子之间相差一定的年纪。对于二宝不期而至、带来意外惊喜的家庭来说，就应该顺其自然，而不要想人为地改变什么。命运的安排，有的时候就是最好的安排，最重要的在于全家人都在齐心协力地适应这样的生活，这样才能够对大宝和二宝的成长起到促进作用。

爸爸要当好帮手

在传统观念里，很多人都理所当然地认为妈妈应该留在家里负责抚育孩子，而爸爸主要负责挣钱即可。不得不说，和在外面挣钱相比，面对两个孩子的教育和养育责任，妈妈的任务之艰巨可谓有过之而无不及。如果爸爸只当"甩手掌柜"，每个月固定地往家里交一定数量的钱，对于家里的事情则不闻不问，那么，妈妈除了照顾孩子之外，还要做好家务，一定会身心俱疲。长此以往，妈妈会心力交瘁，也会因此影响夫妻之间的关系，

第02章
要让孩子知道："手足"是这个世界上最好的礼物

以及整个家庭结构。

现代社会,男女的地位已经平等,女性不必须再主要承担相夫教子的重任。女性也可以有自己的工作,有独立的经济来源,当然,如果在家里没有老人照看孩子、必须有一个人留在家里照看孩子的情况下,则往往是女性作出牺牲。这并不是因为女性没有家庭地位,而是因为女性可以承担起哺乳和养育孩子的重任,也可以更好地照顾家庭。所以,综合考虑之下,大多数女性都会选择留在家里照顾孩子。男性在有了婚姻和家庭之后,等到孩子出生之后,就不应该只顾着自己吃喝玩乐,而应该更多地投入到家庭生活中。很多男性都有大男子主义的思想,觉得自己挣钱养家,在家里的地位更高。其实不然,和挣钱养家相比,妈妈在家里照顾孩子、操持家务是更加疲惫的。当然,没有谁天生就会做父母,妈妈之所以能够扮演好母亲的角色,是因为她在抚育孩子的过程中一直在不断地学习。基于同样的道理,只要爸爸愿意努力学习,积极主动地参与家庭事务,抽出更多的时间来陪伴孩子,那么爸爸也会在家庭之中有更好的表现。

其实,在二宝出生之后,妈妈的时间和精力都会大量分散,在这种情况下,如果整个家庭依然把照顾孩子的重任寄托在妈妈身上,会导致妈妈疲惫不堪。爸爸一定要在家庭生活中当好帮手,如妈妈主要负责哺育二宝,那么爸爸就要做好陪伴大宝的工作。这样既可以分担妈妈的重担,也可以安抚好大宝的情绪,可谓一举两得。

从亲子关系的角度来说,如果爸爸对家庭生活的参与度比较低,则他与孩子之间的感情也会相对淡漠,和孩子的关系也没有那么亲近。所以,爸爸更多地参与家庭生活,不但可以为妈妈分担照顾家庭、养育孩子的重任,还可以与孩子之间建立亲密友好的关系。

爸爸不可能一开始就把每件事情都做得很好，每个人都需要一个学习的过程，虽然会犯错误，但只要他是积极主动、想要学好的，就会进步。所以，面对爸爸的笨拙，妈妈一定不要批评爸爸，而要理解爸爸，并给予爸爸一定的赞赏和鼓励。相信在妈妈的支持和鼓励之下，爸爸一定会做得越来越好，成为一个真正的好爸爸。

第03章
他陪伴你长大：让孩子体会到有人一起成长的幸福

在这个世界上，谁是陪伴我们时间最久的人呢？毋庸置疑，父母是最爱我们的人，夫妻关系也是由陌生变得亲密的典范，但是，与我们有着血浓于水亲情的、真正能够长久陪伴我们，只有兄弟姐妹。所以，手足之情对于每个人而言都是不可取代的。在陪伴的过程中，兄弟姐妹一起经历人生的风雨，迎来人生的明媚阳光，这是多么神奇的体验。

让大宝偶尔充当二宝的监管者

很多年轻的夫妇在第一个孩子到来时,总是非常紧张和高度重视。他们从很早之前就开始看各种各样的育儿书籍,然后把从这些书籍上学到的知识都运用到孩子身上进行检验。因此,人们常说大宝是按照书来养大的。当然,只靠着书本上的理论知识,并不能把对大宝的养育做到尽善尽美。但不可否认的是,有了养育大宝的经验之后,父母们在养育二宝的时候就会轻松很多。最重要的是,若家里有两个孩子,他们就可以一起玩耍、相互陪伴,父母只需要监管好他们的安全就可以,而无须过多地干预他们的相处。

有些大宝和二宝之间岁数相差很大,这种情况下,大宝还可以对二宝起到教育的作用。当爸爸妈妈没有时间的时候,大宝可以讲故事给二宝听。在吃饭的时候,大宝也可以力所能及地照顾二宝。当看到两个孩子相亲相爱的情景时,爸爸妈妈一定会非常欣慰,因为,每一个父母在决定生育二宝的时候,最想看到的就是这种手足情深的画面。当然,每个孩子都希望得到父母所有的爱与关注,在相处的过程中,两个孩子之间的关系一定会经历吵吵闹闹、恢复平静,到最终能够和谐相处的过程。作为父母,我们要友善地引导孩子们,这样才能给予孩子们更好的成长。

看着呱呱坠地的二宝,父母们总有一个担心。他们觉得二宝年纪小,自我保护的能力很差,所以害怕二宝在和大宝相处的过程中会被大宝欺负和伤害。实际上,这样的担心并非多余,因为,如果父母不能处理好大宝和二宝的关系,那么大宝的确会因为嫉妒等种种复杂的情绪对二宝做出过激的举动。当然这并不是因为大宝品质恶劣，而是因为父母没有引导大宝和二宝建立良好的关系。其实，在对待大宝和二宝之间的关系时，明智的父母不会有所偏袒，即使真的心中更担心二宝，他们也会表现得更侧重大宝。这是因为大宝出生后，家里只有他一个孩子，而二宝出生后，他会理所当然地认为自己天生就是应该有哥哥或者姐姐的。所以，对于二宝的出生，大宝会受到很大的心理冲击，父母唯有更加关爱大宝，才能让大宝获得安全感。

为了让大宝与二宝之间建立起深厚的感情，父母还可以让大宝适当地照看二宝，偶尔当二宝的监管者。这样一来，大宝就会更加深入地参与到二宝的成长过程中，并因为他对于二宝的成长肩负着神圣的使命而产生责任感。妈妈在怀着二宝的时候，就应该引导大宝与还在腹中的二宝进行更多的互动和交流，这样，大宝才会意识到他和爸爸妈妈是处于同一"战壕"的，他们是一个整体，都在欢迎二宝的加入。在这样的引导下，大宝与二宝的关系自然会更加亲密。

每个人都是独立的生命个体，虽然大宝和二宝年纪还不大，但是他们都有自己的思想、感情，也有自己的观念和意识。因此，在同一个屋檐下生活，在朝夕相处的过程中，两个孩子理所当然地会发生各种各样的矛盾，父母在发现两个孩子陷入矛盾状态时，不要过多地干预他们，而是应该保持冷静。只要能确保孩子非常安全、没有危险，就应该给予孩子更多的自由，让他们独立想办法解决问题。父母要相信，两个孩子一定能够进行良好的协商，从而学会如何解决冲突。在这样的过程中，他们不但能学会和手足相处，也会提升自己的人际交往能力，从而在社会交往中有更好的表现。

日常生活中，大宝和二宝之所以会发生矛盾，往往是为了争夺某一种美食或者某一种玩具，或者是在原本高高兴兴做游戏的过程中因为某个角色而发生了非常强烈的冲突和争执，以致他们彼此敌视，甚至大打出手。大多数父母在看到两个孩子之间大动干戈的时候，往往不能保持冷静，他们总是迫不及待地介入孩子之间的冲突，企图扮演裁判员的角色。殊不知，不管父母怎么做，都很难在孩子之间实现真正的平衡。很多父母会不假思索地以强制的手段要求其中一个孩子必须让着另外一个孩子，以简单粗暴的方式把孩子们彼此的争斗扼杀在萌芽状态。殊不知，这只是一种暂时的方法，并无法真正地解决孩子之间的矛盾。父母要意识到，当年龄相差无几的孩子们在一起玩耍的时候，他们之间发生矛盾是正常的。另外，面对孩子的争执和打闹，父母不要过于紧张和焦虑，而是应该给予孩子时间去思考如何才能够以更好的方式与对方相处，并有效减少矛盾的发生。这样一来，孩子们才能够提升自身的社交能力，才能够在与兄弟姐妹相处的过程中学会与人交往，处理好自己与他人以及外部世界的关系。

也有儿童心理学家说，争执是让孩子寻求解决问题方法的根本动力之一，如果没有争执，孩子们根本不会具备处理好人际关系的能力。所以说，孩子在开始有争执的时候也就迈开了社会化进程的第一步，在此过程中，他们会不断地成长，也会收获更多。

在起争执的过程中，孩子们会据理力争，由此他们也可以发展自己辩论的才华，最重要的是辩论会使得他们开始有主见，不愿意轻易放弃自己的观点。这就使孩子的性格在不断地完善，也奠定了他们将来成为一个社会人的基础。

孩子成长，父母是何角色

孩子从一出生就在家庭中成长，所以家庭环境对孩子的影响是非常大的。家庭使孩子拥有健康的身体，为孩子提供早期社会化的机会。孩子与父母之间，尽管是天生的亲情，但是也需要友好相处，才能够建立更加和谐融洽的关系。有人说父母是孩子的第一任老师，而孩子是父母的镜子，这样的说法是非常有道理的。孩子从出生开始就具有很强的学习和模仿能力，在不断成长的过程中，他们总是模仿和学习他们最亲近的人——父母，所以，在潜移默化之中，父母的言行举止会给孩子非常深刻的影响。那么，父母如何才能够对孩子发挥积极的作用，促进孩子的健康成长呢？这就要求父母必须扮演好在孩子人生中的角色，这样才能够激励孩子健康成长，才能为孩子营造友好温馨、积极正向的生活环境。

首先，父母是照顾孩子的人。新生命从呱呱坠地开始，就要依赖父母无微不至的照顾才能生存下去。对于孩子的成长，父母负有不可推卸的责任和义务。很多父母都觉得孩子是自己的附属品，或者是私有品，因此，在陪伴孩子成长的过程中，他们往往情不自禁地扮演孩子人生主宰者的角色，对孩子的成长颐指气使、指手画脚。殊不知，孩子再小，也是独立的生命个体，他们有自己的思想意识，有自己的感情观点，因此，当父母强行介入他们对人生的主宰权时，他们会非常愤怒。明智的父母应该知道，要与孩子的生命保持适当的距离，从而以更合理的角色出现在孩子的成长过程中。他们不会去充当孩子人生的裁判官，也不会去充当孩子命运的主宰者，而是积极地为孩子营造良好的生存环境，让孩子的性格品质等在爱与自由的环境中不断地成长和发展。

其次，父母可以扮演孩子朋友的角色。年幼的孩子在走出家门进入社会之前，每天都在和父母亲密相处。父母应该成为孩子的知心朋友，与孩子倾心地交谈，并认真倾听孩子的倾诉。唯有如此，孩子才会主动向父母敞开心扉，才愿意把自己的所思所想告诉父母。很多父母在孩子说话的时候，总是不由分说地打断孩子，甚至是严厉地训斥孩子，这会使孩子与父母产生距离，甚至导致孩子对父母关闭心扉。在这种情况下，父母当然无法给孩子正确的指导和帮助。沟通是人与人之间交往的桥梁，在亲子关系之间，沟通也同样是非常重要的。对于孩子，父母必须更加关注和重视他们的心理以及情绪状态，这样他们才能及时地消除成长过程中的负面情绪，获得成长的动力。

父母的评价对于孩子而言至关重要，因为年幼的孩子还不能够正确地评价和中肯地认知自己，所以他们的自我认知主要来源于父母的评价。在这种情况下，如果父母总是批评和否定孩子，孩子就会失去信心，无法做到勇敢地前进。相反，如果父母能够常常赞赏孩子，孩子就会得到力量，也会因此而充满信心。很多父母都会抱怨孩子不理解父母的苦心，却不知道孩子将父母的一言一行都看得至关重要。当得到父母的鼓励时，他们就会斗志昂扬，鼓起勇气继续前进；当被父母肆意地批评和否定时，他们就会感到万分沮丧，失去继续奋斗的热情和动力。优秀的父母还应成为孩子的啦啦队，当孩子在人生的舞台上尽情展示自己新学会的技能时，当孩子获得小小的进步和成就时，父母要第一时间为孩子感到由衷地高兴，也要为孩子加油助威。这样，孩子才会从父母的身上汲取伟大的精神力量，才能够在遭遇挫折和坎坷的时候依然鼓起勇气砥砺前行。

最后，父母一定要知道，我们对于孩子的教育方式是为孩子支撑起属于他的一片天空，等到孩子有能力独立生存的时候，父母就可以华丽地退场，而不是继续充当孩子的保护者，全盘代替孩子去作所有的决定，否则只会使孩子变成温室中的花朵，沉浸在父母的溺爱之中，对于外部世界没有丝毫认知，乃至自身的成长也受到限制。父母要更加接纳和认可孩子，要以欣赏的眼光看待孩子，而不要总是在孩子成长的过程中主宰和干涉孩子。尤其是孩子在犯错误的时候，父母一定不要过于焦躁，更不要急于指责孩子。父母要知道，每个孩子在成长过程中都会犯各种各样的错误。只有在积极的引导下，孩子才能踩着错误的阶梯不断地前进，而不会因为犯了错误就一蹶不振，变得低沉萎靡、沮丧绝望。

真正优秀的父母能够平等地对待孩子，尊重孩子的内心，也可以打开孩子的心扉，看到孩子心中的世界。父母不但要有赤子之心，而且要把孩子看成独立的生命个体，更要在孩子的人生中扮演适宜的角色。正如意大利大名鼎鼎的教育家蒙台梭利所说，儿童是成人之父。这句话告诉我们，在教养孩子的过程中，父母不但是在引导和激励孩子成长，也是在孩子的启发之下找回生命本真的面貌，其自身也在不断地提升和完善。因此说，父母与孩子之间是相互促进的关系，父母决不能充当高高在上的教育者，更不能对孩子发号施令。

让孩子通过"扮演游戏"感知角色

细心的父母会发现，很多孩子都喜欢玩过家家的游戏，而且非常热衷、乐此不疲。哪怕到了五六岁前后，孩子依然能够在"角色扮演"游戏中得到乐趣。那么，孩子是从何时开始喜欢扮演游戏的呢？大概在一岁半前后，孩子开始萌发出对扮演游戏的喜爱。例如，他们会对着玩具娃娃乐此不疲地说上很长时间，因为他们把娃娃当成了虚拟的朋友；他们也会拿起一个板凳骑在上面，假想自己是在骑大马。随着语言能力的不断发展，他们仍会玩过家家的游戏。他们会和同龄人一起分工合作，有人扮演爸爸，有人扮演妈妈，或者有人扮演国王，有人扮演王后。在游戏时，他们沉迷其中，怡然自得。孩子难道是天生就具有扮演游戏的超强能力吗？

孩子之所以喜欢扮演游戏，实际上与他们在成长过程中对于感情的需求是密切相关的。在日常生活中，孩子只有一个单一的角色，那就是爸爸妈妈的小宝贝、爷爷奶奶的心肝尖子。在这种枯燥的角色中，孩子无法体验到更加丰富的情绪，为此，他们总是感到紧张焦虑，也因为厌倦了一种固定的角色而感到疲惫。在渐渐长大之后，他们开始迷恋扮演游戏，因为，在扮演的过程中，他们会获得更加丰富的情感体验，也可以扮演更多的角色。例如，他们会扮演宇航员，这样一来，他们就可以假想自己是在太空中遨游；他们也可以扮演护士或者医生，想象自己是在给病人看病。在扮演的过程中，孩子如愿以偿获得丰富的角色体验，在体验之中加入了自己丰富的感情，而且还能够宣泄在成长过程中产生的负面情绪。例如，孩子可以扮演自己是警察，在消灭坏人，这样一来，他惩善扬恶的需求就能得到满足。

细心的父母会发现，孩子经常扮演的角色往往是他在生活中有过接触的，这也是孩子把生活经验表现出来的一种方式。例如，爸爸是医生，妈妈是老师，那么孩子在扮演角色的时候就会很热衷于这两种职业。尤其是在看到爸爸妈妈工作的过程之后，孩子对于这两种角色更加熟悉，扮演的时候也更显惟妙惟肖。孩子扮演的其他角色也往往是他们通过各种途径了解和熟悉的，对于全然陌生的角色，孩子是无法扮演出来的。由此也可以看出，孩子正在构建他们与外部世界之间的联系，在这个阶段，他们和外部世界的无我状态已经结束，他们意识到自己和外部世界都是完全独立的，所以自己才可以假扮他人的角色。这正意味着他们的自我意识越来越强，他们的忧患意识让他们可以区别于外界，也让他们可以作为独立的生命个体去演绎其他的角色，这都是非常重要的。

游戏扮演的过程中，孩子的智力水平得到迅速的发展，这其中包括孩子的语言表达能力、记忆能力、逻辑思维能力，也包括想象能力、创造能力等各方面的能力。事实告诉我们，当一个孩子非常擅长玩扮演游戏时，他在各方面能力的发展上都会有很显著的进步。同样的，即使是同一年龄阶段的孩子，如果总是被关在家里，他们各方面的能力发展水平就会显得相对滞后。此外，扮演游戏还有助于发展孩子的感觉能力。孩子在游戏的过程中会假想自己是另外一个角色，或者假想自己是另外一个人，这样一来，他们就会设身处地地站在他人的角度上思考问题，从而对他人的感受有更深刻的理解。有了这样的进步，孩子未来在进入人际关系交往中时，共情能力就得到很好的发展，这当然是有助于孩子社交的。

当发现孩子很热衷于扮演游戏的时候，父母也可以作好积极的配合。有的时候，孩子没有同龄的小伙伴可以一起玩扮演游戏，这种情况下，父母就可以参与孩子的游戏。在参与游戏的过程中，父母要注意，不要总是代替孩子去作各种安排，而应把自己当作和孩子同龄的小伙伴，由孩子来安排每个人的角色，或者是让孩子指导自己应该说什么台词。在这样的过程中，孩子纵观全局的本能将充分表现出来，他们也会为了让整个扮演过程变得更加丰富有趣而努力调动自己的社会经验、情绪感受和管理能力，从而把这场戏导演得更加精彩。父母不要觉得孩子的扮演游戏是小儿科，从根本上来说，扮演游戏对于孩子的成长至关重要，起到积极的推进作用。作为父母，我们要尊重孩子的扮演游戏，也要全力配合孩子的扮演游戏，这样才能与孩子在游戏的过程中加深亲子关系、增进亲子感情。

玩游戏，要学会等待

很多父母在养育孩子的过程中都会有一种共同的体验，那就是现在的孩子越来越任性，脾气急躁，几乎不会等待别人。这是为什么呢？从心理学的角度来说，孩子如果能够进行延迟满足，那么意味着孩子的自控能力很强，未来也会有更好的发展。孩子急躁是因为自控能力、延迟满足的能力缺乏吗？其实不然。孩子之所以表现出急躁的性格特点，是因为他们在日常生活中总是被父母无原则、无限度地满足，在第一时间内就能满足所有的需求，渐渐地，他们就养成了急躁的坏毛病。所以说孩子的急躁并不是天生而来的，而有很大可能性是在后天成长的过程中不断形成的。

这样的急躁表现在孩子的人际交往中，就会使孩子缺乏等待的耐心，尤其是在很多孩子只有一个玩具的情况下，大多数孩子就会相互推搡、催促，甚至进行肢体上的接触，互相抢夺。不得不说，这将让孩子的人际关系变得很糟糕，虽然说孩子的天性就是喜欢玩耍，但是在生活中是一定要讲究秩序的，如果孩子总是对别人置之不顾，那么，对于孩子的成长而言，这是非常糟糕的。

当一个家里不只有一个孩子的时候，这样的情况会更加时常地发生，这是因为每个孩子面对新玩具时都想第一时间玩到玩具，面对美味的食物时也都想第一时间吃到食物。这时候，他们如果缺乏等待的耐心，就根本不愿意与兄弟姐妹轮流分享。日久天长，他们会陷入对玩具、游戏、美食等的竞争之中。有的时候，即使是和妈妈亲昵，他们也要争先恐后。原本两个孩子正玩得好好的，如果有一个孩子突然跑到妈妈怀里，那么另外一个孩子也会当即偎依到妈妈怀里，并且会把另外一个孩子推出去。可想而知，一场"大战"即将爆发。

为了让孩子有更多的耐心，也让孩子学会轮流玩游戏，父母必须告诉孩子，只有耐心等待才能得到轮流玩玩具的机会。父母要更加有意识地培养孩子的等待能力，让孩子在迫切期望愿望得到满足的面前可以保持平静和理智。

对于有的孩子而言，转移注意力无疑是一个好办法，因为，哪怕爸爸妈妈费尽唇舌告诉孩子必须等待才能够玩新的玩具，孩子也往往没有耐心，甚至会伤心地哭泣。在这种情况下，采取另外一种方式吸引孩子的注意力，可以帮助孩子恢复平静，也可以让孩子在等待的过程中不至于那么无聊。例如，很多孩子都在排队等着玩滑梯，在排队的过程中，如果孩子因为心急而做出插队的行为，或者去推搡其他的小朋友，那么，在这个过程中，妈妈可以给孩子唱一首儿歌，或者教孩子背诵儿歌。孩子的注意力得到转移，并以脆嫩的声音朗读儿歌，往往能够成功吸引他人的关注，这样一来，他就不会再对玩滑梯的事情那么着急。此外，父母还可以提醒孩子他排队的顺序，告诉孩子之前有十个人在等待，现在只有六个人在等待，让孩子明白他等待的时间越来越短，很快就能玩到心爱的滑梯。这样一来，孩子看到希望，自然可以更加耐心地等待下去。

很多孩子之所以不愿等待，是因为他们缺乏规则意识。在家庭生活中，他们总是被父母在第一时间就满足一切的需要，这让他们越来越没有耐心。如果让孩子玩一些需要遵守规则的游戏，渐渐地，孩子就会树立规则意识，那么，当别人对他说起规则的时候，他才会更加认真地倾听，也会有意识地控制好自己。总而言之,对于父母而言,帮助孩子养成规则意识,让孩子有耐心去等待,这一点非常重要。

家庭环境和父母的言传身教,对于孩子的影响是很大的。有的时候,父母性格急躁,无形中就会影响孩子,让孩子也变得急躁。在家庭生活中,父母一定要给孩子做出积极的榜样。比如在很多需要排队的场合里,父母要安静地排队,而不要当着孩子的面抱怨队伍太长、等待的时间太久等。否则也许孩子当时并没有作出明确的反应,但是,在他稚嫩的心灵里,会渐渐地产生对排队的抵触。在家庭生活中,父母更要注意为孩子营造良好的家庭生活环境。面对孩子的紧张急躁,父母不要一味地批评和否定孩子,而是应该想办法安抚孩子的情绪,告诉孩子,只有经过等待,才可以得到更好的结果。这样一来,孩子会对等待充满了耐心,也不会因为暂时无法满足自己的心愿而遭受到挫败。在人的一生之中,有很多事情都不可能一蹴而就,所以,孩子唯有学会等待和坚持,才能够更加健康快乐地成长,才能够拥有更强的自控力,让自己在面对人生坎坷的时候始终勇往直前。

分享,让快乐加倍

新生儿刚刚出生之后并没有自我意识,他以为自己与外部世界是浑然一体的,所以,在很长的一段时间里,他都处于无我的状态。直到长到两三岁,他的自我意识才不断地萌芽,他从不懂得爱护自己的东西,到热衷于把所有的东西都据为己有,在这个阶段,父母会发现孩子最爱说的话就是"我的,我的,我的,"他们并不知道物权归属的概念,而是以自己的喜好作为划分物权的标准。对于喜欢的东西，他们会紧紧地抱在怀里、攥在手里，而不愿意给别人，哪怕那个东西真的是属于别人的，父母也根本无法用这个道理来说服孩子放弃。在这个阶段，父母如果想要挑战孩子的独占欲，结果是徒劳的，除了让孩子大声啼哭之外，并没有其他明显的效果。要想让孩子准确地区分你的、我的，学会分享，就应该首先让孩子明确哪些东西是属于他的，哪些东西是属于别人的。只有进行明确的物权归属划分，孩子才能够真正地学会分享。否则，一个总是不由分说把所有东西都据为己有的孩子，是不会乐意分享的。

除了身心发展的特殊规律决定了孩子在两三岁前后的占有欲很强之外，家庭环境对孩子的影响也不容忽视。如今有很多孩子都是独生子女，他们从小在唯我独尊的环境中成长，享受一切的资源，不管做什么都不需要与他人分享，所以渐渐地形成了以自我为中心的错误思想。然而，随着二宝的出现，大宝的生活面临着很大的改变。家庭结构的改变，使得大宝无法再继续独有家中所有的东西，他必须学会分享，因为家里又多了一个孩子。从这个角度而言，二宝的出生对于大宝的成长有很大的好处，其中之一就是能够让大宝在和同龄人相处的过程中学会分享，也让大宝更加关心他人的需求，而渐渐地不再只以自己的需求为中心。

当然，这样的结果是需要努力才能得来的。现实情况是，随着二宝的到来，大宝产生了危机意识，尤其是当他看到爸爸妈妈总是围着二宝转时，大宝更是没有安全感，为此他会感到害怕，内心恐惧，精神焦虑。大宝情不自禁地想要把所有东西都据为己有，以这样的形式来找回安全感。随着二宝不断地成长，大宝和二宝之间为了争夺各种东西发生的矛盾越来越多。在这种情况下，父母无须过多地介入，而是要让大宝和二宝学会如何协调。相信随着不断地成长，他们会找到最合适的相处模式，也不会再在分享的问题上爆发出不可调和的矛盾。

要想避免二宝出生之后面对因为分享而时常爆发的家庭矛盾，父母就要有意识地在只有大宝这一个孩子的时候就培养大宝分享的意识。其实，不管一个家庭只有一个孩子还是有两个孩子，孩子都不可能永远只在家庭环境中成长，最终，孩子要走出家门、融入社会，因此，是否有分享意识，对于孩子的成长至关重要。所以，就算父母决定只要一个孩子，也不要总是对孩子无限度地满足，而是要教孩子学会和父母分享，感恩于父母对自己的付出。对于特别喜欢吃的美食，父母不要单独留给孩子吃，而应该与孩子一起享用，只有在这种循序渐进的过程中，孩子才能渐渐地形成分享意识，未来人际交往中才能够获得他人的认可和欢迎。

随着林林渐渐长大，妈妈发现木木变得越来越自私了。有一天，妈妈觉得天气变冷了，就找出木木小时候的小盖毯，准备在带着林林出去玩的时候随身带着，这样一来，当林林冷的时候，就可以给林林盖着。这天，妈妈带着木木和林林在公园里玩耍，突然起风了，妈妈拿出盖毯盖到睡着的林林身上，木木突然大哭起来，口中不停地喊着："这是我的被子，这是我的被子！"尽管妈妈再三告诉木木："你已经长大了，不再需要盖这个盖毯，就把它给弟弟盖，妈妈再给你买新的，好不好？"木木并没有因为妈妈这么说就停止哭闹，反而哭闹得更加厉害。最终妈妈无可奈何，只好脱掉外套林林盖在身上，而木木则一直抱着盖毯，直到回家也没有撒手。

夜晚来临，妈妈去看木木有没有睡着，发现木木正在抱着自己的小盖毯，他把小盖毯紧紧地抱在怀里，睡得正香呢！妈妈忍不住笑起来："这个家伙也太小气了吧，这只是一张旧的不用的小盖毯啊！"

木木为何对自己已经不用的小盖毯这么爱惜呢？实际上，这并不是爱惜，而是因为他不愿意自己的东西被林林占为己有。木木早就已经不用这个小盖毯了,但是他觉得这个小盖毯是他所有的,所以他才不愿意和林林分享。又因为看到妈妈给林林盖小抱毯,木木觉得妈妈对林林更加关心,所以产生了抗拒心理,进而非常固执地禁止妈妈把小盖毯给林林盖。

有人说,分享一份痛苦,痛苦就会减半;分享一份快乐,快乐就会成倍地增长。对于孩子而言,如何才能够在成长的过程中收获双倍的幸福呢?这是有不止一个孩子的父母必须去努力探讨的问题,但最重要的,是让孩子感受到分享的快乐,也让孩子在分享的过程中感受到彼此手足情深,这样孩子就会渐渐地爱上分享。

当孩子做出分享的举动时,哪怕他们的分享并没有做到完全公平,父母也要及时表扬孩子,让他们意识到分享的行为是值得鼓励的,但是,父母也要把握好表扬的力度,不要夸张地表扬,而是要适度地表扬。唯有如此,孩子才会认为分享是理所当然的,而不是需要大张旗鼓去赞扬的特别行为,从而对分享形成正确的观念和态度。

像做游戏一样做家务

随着孩子不断地成长,总有很多父母抱怨孩子太过懒惰,甚至连自己的事情都做不好。其实,这个问题之所以出现,根源并不在孩子身上,而在父母身上。在孩子成长的过程中,如果父母总是全权包办孩子的一切事务,从来不让孩子为各种事情烦忧,就会使孩子养成了衣来伸手、饭来张口的坏习惯。当父母羡慕别人家的孩子什么都能做、自理能力很强,而且能够体谅父母的辛苦,主动为父母分担家务的时候,不如想一想别人的父母是怎么做的。通常情况下,如果父母太过勤快,总是对孩子的事情大包大揽，孩子就会非常懒惰；相反，明智的父母总是引导孩子去做力所能及的事情，渐渐地，孩子就会越来越能干，而父母也会更加欣慰。

很多父母觉得孩子小，不能做家务，实际上，随着不断成长，孩子各方面的能力都在提升。如果总是因为孩子小而剥夺孩子做家务的机会，那么孩子各方面的能力就会越来越差。只有随着孩子能力的增长，让孩子循序渐进地做些力所能及的事情，孩子才会做得越来越好。这样一来，孩子的综合能力得以提升，做家务的能力也会不断增强。

如何让孩子从排斥做家务到喜欢做家务呢？这是父母需要动脑筋认真思考的问题，毕竟，对于年幼的孩子来说，做家务真的没有玩游戏看动画片那么有趣。既然如此，父母就要把做家务这件事变得更有趣，这样才能吸引孩子的注意力，才能够激发出孩子的积极主动性。很多父母在要求孩子做家务的时候总是生硬地命令孩子"快去扫地，快去刷碗，快点去把你的袜子、短裤都洗干净"，却不知道这样的命令和安排会让孩子在没有真正接触家务之前就已经产生了抗拒心理。实际上，年幼的孩子最擅长形象思维，与其用这种生冷的语言对孩子发布命令，还不如采取画面的方式让孩子主动地查看自己是否已经完成了当天的家务活动。例如，父母可以制作一张表格，在表格上写清楚孩子的名字和每一天的日期，并且写上孩子当天需要做的事情。如果孩子不认识字，那么也可以在相应位置贴上家务活的贴画。例如，在孩子需要值日的时候贴上扫帚的图片，在孩子需要洗衣服的时候贴上水盆的图片，在孩子应该为花浇水的时候贴上喷壶的图片，在孩子需要给金鱼喂食的时候画上很多条小金鱼。这样一来，孩子就会对做家务充满兴趣，在做家务的过程中也会变得饶有兴致。

尤其是在家里进行大扫除的时候，父母更不要把孩子排除在外，否则，孩子会觉得自己理所应当不用参与劳动，渐渐变得越来越懒惰。大扫除的时候，父母要给孩子安排合理、力所能及的任务。当然，为了让大扫除变得丰富有趣，还可以给孩子配上一些有趣的工具，并且播放大扫除的背景音乐。这样一来，当孩子觉得做家务和做游戏一样丰富生动有趣的时候，他们甚至会盼望着全家大扫除的日子早早到来。为了让孩子感到新奇，父母可以做一个遮挡灰尘的帽子，戴在孩子的头上，还可以在帽子上画上生动的图案，看着自己和兄弟姐妹都变得非常可爱，孩子的心情也会非常好。

如果想要调动起二宝做家务的兴趣，爸爸妈妈就要从大宝身上入手。众所周知，二宝在潜意识里把大宝当成自己模仿和学习的榜样，如果大宝能够主动做家务，就能够给二宝树立积极的榜样，让二宝主动向大宝学习。当然，也可以把做大扫除的过程变成一个寻宝的过程，随着不断地打扫卫生，孩子说不定就能在犄角旮旯的地方发现自己心仪已久的礼物。这样一来，孩子打扫卫生时一定动力充足，甚至迫不及待地请求打扫卫生。总而言之，孩子是非常贪玩的，孩子的天性就是喜欢玩耍，这无可厚非，因此，父母要顺应孩子的天性，引导孩子顺着天性去发展，而不要强求孩子去改变，也不要强制要求孩子必须按照父母的方式去做事情。

既然是大扫除，就要达到一定的效果，所以，在大扫除结束后，还可以派出一个家庭巡查员检查每个家庭成员大扫除的效果如何。对于表现优秀的成员，可以给予一定的奖励，这样一来，孩子也可以在其中体验到竞争的精神。总而言之，只要父母多多用心，就可以把做家务变成一件有趣的事情，甚至可以改变孩子做家务的心态，让孩子积极主动地做家务，也从做家务的过程中得到更多的乐趣和成长。

游戏和活动的项目要适合全家人

人与人之间的关系总是要在相互的磨合中才得以不断加深，父母与孩子虽然是天然的血缘关系，但是也要彼此多多交往，才可以有更深的了解。随着不断地成长，孩子再也不是父母眼中那个娇滴滴的小宝宝，他们的思想越来越成熟，他们的眼界越来越开阔，所以父母也要与时俱进，陪伴孩子一起成长，并督促自身不断进步，这样才能在孩子成长的过程中与孩子有更好的相处。

随着生活水平的提高，很多父母动不动就给孩子买昂贵的玩具，他们认为，当自己忙于工作而不能一直陪伴在孩子身边的时候，这些玩具会给孩子更好的陪伴。其实不然。即使再昂贵的玩具，也无法代替父母在孩子心目中的地位。当孩子开始非常依恋玩具时，则意味着他们的感情发展出现空缺，这会使得他们在成长过程中陷入非常被动的状态。

父母除了要亲自陪伴孩子之外，还应该和孩子进行一些有意义的游戏，随着不断地成长，孩子的行动能力越来越强，父母还应该带孩子去更适合全家游玩的地方，这样一来，在更加亲密的互动之中，全家人之间的感情都会得以加深。在游玩的过程中，父母还可以和孩子一起战胜很多困难，从而增进家人之间的感情，也让整个家庭的凝聚力越来越强。

通常情况下，孩子是非常喜欢玩沙和水的，因而带孩子去海边或者有山有水的地方是不错的选择。当然，需要注意的是，在带孩子出去玩的过程中，父母一定要看护好孩子，尤其是在海边。水火无情，海边的情况很复杂，当孩子在海边玩耍的时候，父母要全神贯注地看着孩子。如今，有太多的父母都喜欢当低头族,他们总是盯着手机,自以为在陪伴孩子,实际上却是"人虽未动心已远"。这样的陪伴是假装的陪伴,对于孩子的成长也无法起到积极的推动作用。前一段时间,北京一个妈妈带双胞胎女儿去青岛的海边游玩,这对女儿正在读小学三年级。然而,就在妈妈发朋友圈的时候,孩子被浪花卷到海水中,来不及呼救就被海水吞噬了。后来,妈妈以为孩子遭遇了坏人,在当地报警四处寻找。次日,人们在海水深处找到了孩子的尸体。不得不说,这对于所有的父母而言都是一个警钟,海边的情况很复杂,浅滩的底下有可能就隐藏着暗流和漩涡,所以,父母要照顾好孩子,肩负起监护人的责任。

四五岁之后,孩子的游戏范围更加广泛,他们开始喜欢带有竞争意识、需要配合来完成艰巨任务的游戏,因为他们可以从中获得成就感。他们也希望游戏有更明确的规则,更希望参与游戏的每一个人都能够遵守规则。这样一来,他们在游戏中会得到更多的成长,不断树立自己的规则意识,也能够更加积极主动地面对结果。

父母一定要记住,陪伴孩子绝对不是人在孩子身边、心却不在孩子身边,也不是人在孩子身边、眼睛却看着别处。如今,电子产品的普及,使家庭生活中的氛围越来越淡,尤其是在父母和孩子各自捧着电子器械在玩的时候,家庭成员的关系只会越来越疏远。作为父母,我们一定要肩负起营造良好家庭氛围的重任,让孩子们与整个家庭的成员在一起更加积极地互动,这样既可以拉近家庭关系,也可以增进亲子感情,可谓一举数得。如果父母经常与孩子一起游戏,亲自参与活动,也可以潜移默化地培养孩子各方面的能力,让孩子更加健康地成长。当两个孩子在游戏和活动的过程中彼此配合而完成艰巨的任务时,他们的心里也会更加默契,相处也会更加和谐。总而言之,游戏和活动的项目应该适合全家人,在与家人合作完成游戏的过程中获得成长,这对于孩子而言至关重要。

第04章
做公平的父母：每个孩子都需要平等的爱和关注

曾经有一位名人说过，父母的不公是导致兄弟姐妹反目成仇的最根本原因。的确，在非独生子女家庭中，孩子之间总是存在各种竞争，心里也会进行各种各样的比较，所以父母对孩子的爱一定要不偏不倚。尤其是在处理里兄弟姐妹之间各种矛盾和纷争的时候，更是要尽量保持平衡。当然，真正的平等是没有的，父母难免带着主观的偏见来看待孩子，因为与孩子的性格是否相合、相处的过程是否愉快而对某个孩子特别偏爱。即便果真如此，父母也要把这份偏爱放在心中，在对待每一个孩子的时候都尽量公平公正，这样才能够让兄弟姐妹之间的感情更加顺利地发展。

公平地对待每一个孩子

很多父母都抱怨孩子不知道父母的爱有多么深沉,实际上,父母也常常不知道孩子对于父母有多么看重。如果父母对待孩子不能保持公平一致的原则,而常常有所偏袒,或者在面对不同孩子时以不同的标准去提要求,甚至强制某些孩子作出改变,那么很容易让孩子的自信心受到打击,也会让孩子陷入沮丧绝望的情绪之中无法自拔。

古人云,"不患寡而患不均",这句话告诉我们,很多人并不害怕拥有的少,而担心财富等分配得不均。所以,在人际相处之中,很多人都以公平作为重要的准则。对于孩子来说,他们虽然还小,不能够把公平挂在嘴边,但是他们心中也有一杆秤。他们非常敏感,也常常能够感受到父母对不同孩子不同的爱,所以,父母在面对孩子的时候,哪怕心里真的对一个孩子更加喜欢,也不要在另外一个孩子面前表现出来。尤其是在如今的社会环境之下,很多人都会把公平提出来,这也让孩子在耳濡目染之中对于公平有了狭隘的理解,为此,面对父母的爱,他们也总是要求公平,哪怕父母已经竭尽全力去做得更加公平,孩子也依然觉得不满意。不得不说,这个世界上从来没有绝对的公平,孩子们只有拥有感恩的心,才能更加感激父母对他们的付出,而不再总是故意以苛刻的要求为难父母。

归根结底,孩子追求公平并没有错,除了孩子,很多成人也喜欢追求公平,这是因为,他们可以承受很多的委屈,但是唯独希望得到公平的待遇。然而,不可否认的是,父母与各个孩子之间是有缘深缘浅之分的。若孩子的性格比较投合父母的脾气,父母自然会更喜欢这个孩子;反之,如

第04章
做公平的父母：每个孩子都需要平等的爱和关注

果父母与孩子的性格不合，在相处过程中经常发生矛盾和纷争，则父母就会比较疏远这个孩子。当然，绝大部分父母对于每一个孩子都是非常疼爱的，常言道，手心手背都是肉，每个孩子都是父母辛辛苦苦生养出来的，父母并不会故意疏远或者冷淡某个孩子。对父母而言，最好的办法是教导孩子正确地理解公平，很多孩子对于公平的理解都非常狭隘，他们觉得，所谓公平，就是给了哥哥一块糖，也要给尚在襁褓期的妹妹一块糖；所谓公平，就是给襁褓期的妹妹买了一罐奶粉，也要给早已不喝奶粉的哥哥买一罐奶粉。不得不说，这样的公平只是形式上的公平，看起来是绝对公平，而实际上父母给孩子的并非他们真正需要的。例如，买一块糖对于哥哥来说可以享用，而对于还是婴儿的妹妹而言，却是毫无意义的；或者买一罐奶粉可以满足妹妹的需求，但是，对于哥哥来说，他并不想要这样的礼物。因此，所谓的公平，应该是能够满足两个孩子各自生理和心理需求的公平，而不是仅仅追求形式上公平的伪公平。

孩子从呱呱坠地开始就在父母身边不断地成长，他们通过与父母相处，渐渐地形成人际交往的意识。如果孩子与父母都不能建立友好的关系，那么，在面对毫无血缘关系的陌生人时，孩子如何能够建立和维护良好的人际关系呢？所以，父母与孩子之间的关系不仅关系到亲子关系的远近亲疏，也不仅关系到亲子感情是深厚还是浅薄，而且关系到孩子们能否学会与人交往的技能、从而更加有效地面对这个社会。作为父母，当听到孩子总是抱怨自己遭受到的不公平待遇时，我们一定要引起足够的重视。虽然父母觉得自己做得很公平，但是，如果孩子有被不公平对待的感受，父母就应该及时地做出调整，消除孩子心中的这个不安因素，这样孩子才能健康快乐地成长。

生活中，父母一定要制订各种规则来约束孩子的行为，这样的规则应该对每一个家庭成员的要求相同，也是所有孩子都要遵守的，而父母自身也要以身作则、身先示范，这样才能对孩子起到最好的表率作用。否则，如果父母"只许州官放火，不许百姓点灯"，明明对孩子提出苛刻的要求，而自己却游离于这个规则之外，孩子同样会觉得不公平。

保持良好的家庭氛围并不是一件简单容易的事情，首先，父母要平等地对待每一个孩子，给予每个孩子同样的关注和爱；其次，父母在家庭生活中要和孩子一样平等，父母对孩子提出要求、让孩子遵守家庭规则的时候，自己也要主动遵守家庭规则，这样才能够让孩子们有更好的成长和表现。

总之，对待孩子是否公平，对于孩子的成长有很重大的影响，但是，父母要让孩子正确认识公平，不能让孩子要钻入公平的牛角尖里，如果孩子总是抱怨生活，总是对父母感到不满，这无疑是非常糟糕的。

如果父母一定要特殊对待某一个孩子，那么，父母就要给这个孩子做好思想工作，向这个孩子清楚地解释父母为什么要这样对待他，为什么要把他与其他孩子区别开来、特殊对待。这样，孩子才能理解父母的苦心、了解父母的用心，从而更加理解和体谅父母。

谁规定老大要让着老二的

在传统的家庭教育中，很多父母都会要求大宝必须让着二宝，因为二宝年纪比较小，也不懂事，大宝则相对年纪大一些，也更加成熟，所以父母就对大宝提出过分的要求，让大宝放弃自己的权利，哪怕遭到二宝的伤害也不许抵抗，更不能与二宝发生冲突。可想而知，原本作为家中的掌上

第04章
做公平的父母：每个孩子都需要平等的爱和关注

明珠、独享所有人关爱的大宝突然面临这样的待遇，心中未免会感到愤愤不平。其实，父母这么做除了会让大宝心绪不平之外，还会让两个孩子都失去对公平的判断。显而易见，这对于孩子未来相处模式的建立是很不利的，因为，若二宝习惯于欺负大宝，他一定会变本加厉。反之，如果大宝总是在谦让和容忍二宝，那么，日久天长，大宝的内心也会失去平衡的状态，以致对二宝积怨在心。

在家庭生活中，二宝一旦出生，父母就会全心全意地扑在二宝身上，他们觉得大宝作为哥哥或者姐姐理所应当有牺牲的精神，也要和他们一样疼爱二宝。因此，他们总是在不知不觉间忽略大宝的情绪和感受，并强迫大宝必须放弃自己的权利，乃至没有原则地容忍二宝。不得不说，二宝出生后，大宝并没有义务一定要扮演乖宝宝的角色。对于有两个孩子或者更多孩子的家庭来说，父母最重要的是引导孩子学会公平地待人处事，这不但有利于两个孩子在家庭生活中和谐相处，对他们未来走上社会、建立良好的人际关系也是至关重要的。

父母不公平地对待大宝，会使大宝常常感到委屈，甚至因此而剧烈地反抗。面对大宝的抗议，父母未免会对大宝感到很生气，实际上，对于大宝而言，这样的反应完全是正常的，父母无须因此而指责大宝。父母要站在大宝的角度上思考问题，在二宝出生之前，大宝是家里生活的中心，享受所有人的关爱和照顾，所以二宝的出生必然使得大宝得到的关心和照顾变少。最重要的是，大宝连自己的正常权利都不能行使，而必须在父母的要求下宽容忍让二宝，这对于一个孩子而言当然是很难做到的。

大宝很喜欢吃苹果，每次妈妈买苹果回家，大宝都要当即吃一个最大最红的苹果。然而，随着渐渐长大，二宝也开始想要吃苹果，因此，每当妈妈买回新鲜的苹果时，大宝和二宝之间难免发生一番争夺。

大宝和二宝争夺的开端是，每当二宝看到大宝拿起一个新鲜又红艳艳的苹果时，总是会不由分说地上去从大宝的手中抢过苹果。大宝当然不愿意，因为，早在二宝降生之前，他就养成了这样的习惯：他总是从很多苹果中精挑细选，选出自己最喜欢的那一个。即使妈妈拿出一个苹果给二宝，二宝也绝不要妈妈给他的，他只喜欢大宝选中的那一个。由此一来，大宝和二宝之间的战争也应运而生。

听到二宝抢夺不过大宝而发出撕心裂肺的哭声，妈妈总是不能对大宝和二宝保持公平。妈妈当即拿起一个苹果塞到大宝手中："你就吃这个吧，这个和那个一样好，比那个还好呢！"虽然妈妈这么说，但大宝知道妈妈这是在劝他，他很清楚自己选出来的苹果才是最好的，但是，在妈妈的强制要求之下，他只能勉为其难地接受妈妈的苹果，而放弃自己心爱的大苹果。

大宝拿到的东西就是最好的，这是很多二宝都有的想法，虽然他们还很小，无法准确地表达自己的内心想法，但是他们的行动告诉我们，他们的确是这么想的。作为父母，在出现这样的情况时，我们千万不能一味地顺着二宝的心思，否则二宝就会变本加厉，更加欺负大宝。对于父母来说，手心手背都是肉，父母当然希望两个孩子能够和谐相处，然而这样的相处往往很难实现。这是因为很多父母在对待两个孩子的时候会有不同的表现。例如，大宝打碎了父母最心爱的餐具，妈妈会当即大发雷霆，但是，如果换作二宝打碎了妈妈最心爱的餐具，妈妈则会急于检查二宝有没有受伤。在这样的比较之中，大宝稚嫩的心会受到伤害，他会觉得自己在妈妈心里远远没有二宝重要。在这样的比较之中，大宝的心会非常失落，他对于妈妈的信任感也会降低。所以，爸爸妈妈，在面对孩子的时候一定要采取同样的标准，真正的公平不是给孩子均分某一件东西，或者给孩子

第04章
做公平的父母：每个孩子都需要平等的爱和关注

买两份同样的玩具，而是能够在家庭生活中坚持同样的规则，对孩子提出同样的要求。这样一来，每个孩子在犯错误的时候都会受到同样的惩罚，在表现好的时候也会得到同样的奖赏。对于孩子来说，这会让他们获得安全感。

明智的父母一定要打破大宝必须让着二宝的定式，在家庭生活中维持更好的秩序，并坚持每个人都必须遵守的规则，这样家庭生活才能有序进行，才会给孩子的成长更好的作用和影响力。

不要让二宝成为替罪羊

所谓"替罪羊"，顾名思义，就是一个人并没有犯错误，却被别人当成了犯错的人，因而受到惩罚。毫无疑问，这是很不道德的事情，不论是谁，当他为自己并没有犯下的错误而承担责任的时候，他的心中一定感到非常愤怒，甚至为此而感到非常失落。现实生活中，在不止一个孩子的家庭里，二宝常常会被大宝当成替罪羊。那么，为何会出现这样的情况呢？

前文说过，在不止一个孩子的家庭里，父母对待不同的孩子，往往会有不同的标准，所制订的规则也只适用于某个孩子，而对另一个孩子就可能失去效力。所以，大宝在认真仔细地观察父母对二宝的行为表现之后，会得出一个结论，那就是犯同样的错误，如果自己是犯错误的人，就会受到父母严厉的惩罚；如果二宝是犯错误的人，则可以逃避惩罚，甚至反而会得到父母的关心和照顾。得出这个错误的结论之后，大宝渐渐地找到了一个可以逃避责任的"最佳"途径，那就是在犯错之后把错误推卸到二宝身上。这样一来，二宝不会受到责罚，而他自己也可以逃脱责罚，可谓

"一举两得"。当然，出于自我保护的本能，即使二宝会因为替罪而受到责罚，大宝也只能先保全自己，而不会为了保护二宝而让自己受责骂。不得不说，在兄弟姐妹的相处之中，这样的情况是非常糟糕的，因为它会让兄弟姐妹之间为了推卸各种责任而试图栽赃和陷害。

要避免出现这样的情况，父母首先要公平公正地对待每一个孩子，让孩子知道家庭的规则是适用于所有人的。其次，父母也要擦亮眼睛，在孩子犯错误的时候，如果孩子不是故意为之，就不要严厉地责骂孩子，否则就会让孩子产生撒谎的欲望。尤其是对心智发育更成熟的大宝来说，如果他们觉得父母给他们带来威胁，他们就会以撒谎的方式逃避责任，以撒谎的方式保全自己。

孩子每天都在同一个屋子里生活，朝夕相处，难免会有各种矛盾发生，也会有各种纷争出现。父母还需要注意的是，不要将其中某一个孩子的错误故意放大，否则其他孩子就会情绪冲动，也和父母一起指责这个有明显缺点的孩子。

民间有句俗话叫作墙倒众人推，在家庭生活中也常常发生这样的情况。若父母过分放大一个孩子的缺点，那么其他孩子就会把自己的责任都推卸到这个孩子身上，似乎那个显而易见的缺点成为了他们的保护伞，似乎那个有缺点的孩子成了不二的替罪羊。面对其他孩子的申诉，父母一定要保持冷静的态度，而不要不由分说地就责骂那个孩子，否则，父母就相当于和其他孩子站在同一战线上，让有缺点的那个孩子受到委屈却没有地方申冤。如果父母能够保持理智和冷静，倾听孩子的表达，并尽量客观公正地了解事实真相，那么，在与孩子相处的过程中，父母就会有更好的表现。

孩子的心是非常细腻而且明白的，当他们意识到所谓的推脱责任并不能达到预期的效果，父母总能够擦亮眼睛了解事实真相时，他们就会放弃这种毫无意义的行为，转为努力地为自己的行为承担责任，也全力以赴地弥补自己的错误。其实，在找到真正闯祸的孩子之后，父母要更加严厉地惩罚这个孩子，从而起到良好的震慑作用。当然，父母惩罚孩子要以恰当的方式，而不要动辄打骂孩子，更不要伤害孩子脆弱的心。要记住，孩子之所以撒谎和推卸责任，一定是有原因的，如果父母总是对这样的原因置之不顾，那么孩子就会陷入更加被动的状态。

现实生活中，父母还要注意避免给孩子贴上负面标签。很多父母都望子成龙、望女成凤，当发现孩子的成长不能达到他们的预期时，父母往往会感到很失望，也会因为愤怒的情绪而给孩子贴上负面标签。一旦父母对孩子作出负面的评价，就会导致其他孩子也如同墙头草一般马上向着父母的方向倒过去，从而与父母"统一战线"，以同样的话来否定那个孩子。不得不说，这会使那个孩子陷入孤立的状态，变成家庭教育的受害者。

比起社会生活，虽然家庭生活非常简单纯粹，但事实上，其中错综复杂的关系也是很让人头疼的。作为这个家庭里最有权力的人，父母一定要秉着公平公正的原则对待每一个孩子，必须在家庭生活中以身示范、率先作出最佳的表率，这样才能够给孩子树立榜样，给予孩子积极的力量。

在家庭生活中，除了明确责任，让每个人清楚自己负责的领域之外，当家庭中发生预想不到的事件时，父母也应该负起连带的责任，这样孩子才会意识到，哪怕推卸责任，也无法摆脱自己的责任，从而更清楚地了解到，在家庭生活中，也许一件事情是由于某个人导致的，但是其他人并不能从这件事情中完全摆脱出来。为此，他们就会意到，没有必要再把责任推卸到他人身上，而会渐渐地养成勇敢承担责任的习惯。总而言之，每个人都是家庭生活的主角，每个人在家庭生活中都有自己无可取代的地位和作用，只有每个人都积极地对家庭生活作出贡献，家庭生活才会变得越来越好。

相同的管教方式创造出不公平的家庭教育

很多父母对于公平的管教有一定的误解，他们觉得所谓公平的管教就是采取同样的方式去对待孩子、管教孩子。殊不知，在大多数非独生子女家庭中，两个孩子之间会有一定的年龄差距，这使得他们的身心发展表现出不同的规律和特点。如果父母采取相同的方式去管教和对待他们，只会导致至少有一方会感到很不适应，也无法达到预期的教育效果。

很多人一直提倡在教育孩子的时候必须因人制宜，这是因为，孩子不但是独立的生命个体，而且，当孩子处于不同的年龄发展阶段的时候，他们会呈现出很大的区别，所以，若父母以同样的方式去管教和对待孩子，恰恰是对孩子最大的不公平。遗憾的是，很多父母都没有意识到这个问题，反而在标榜自身公平的得意中依然简单粗暴地对待孩子。

即使年龄相同，孩子在能力、性格、脾气以及情绪、情感的敏感等方面也会有很大的区别，所以，如果父母以同样的方式对待孩子，往往会收到截然不同的效果。有些方式，也许用在某个孩子身上效果很好，但是换到另一个孩子身上使用就会收到事与愿违的效果。例如，对于时常骄傲的孩子，父母可以多多鞭策他们，最重要的是在他们感到扬扬自得的时候给他们泼上一盆冷水，让他们冷静下来；而对于总是沉默寡言、缺乏自信心的孩子，父母给他们再多的鼓励也是不多的，而且，在他们有小小的成就之后，父母一定要及时认可和赞赏他们，这样他们才会感受到父母的力

第 04 章
做公平的父母：每个孩子都需要平等的爱和关注

量，才能够再接再厉，有更好的表现。

除了这些细微方面的差别之外，如果孩子性别不同，他们各方面的情况也会迥然不同。例如，父母对于柔弱的女孩，说话时最好能够和颜悦色；而对于非常顽劣的男孩，说话时则可以态度强硬。也许男孩会因此而感到不公平，他想不明白为何父母对待妹妹或者姐姐总是柔声细语，而对待自己的时候总是厉声呵斥，这当然是男孩正常的心理表现。当然，如果男孩没有觉得不公平，女孩也对此毫无异义，父母是可以以他们都喜欢的方式去对待他们。总而言之，对一个孩子到底采取怎样的教养方式，并不是取决于他们的共性，如虽然他们生活在同一个家庭里，但这并不表示他们理应被父母同样对待。所谓规则，应该是对每个家庭成员都适合，但是教养方式则要根据对象的不同而进行细微化的调整。

公平对待孩子的时候，父母还要注意年龄因素的影响。如果家里有不止一个孩子，而大宝已经十几岁，他正处于青春叛逆期，非常敏感，自尊心强，那么，父母对待大宝的教育方式就要和对待二宝的截然不同。父母教养大宝，必须符合大宝的身心发展规律，且能够对大宝起到积极的教育作用。那么，在面对正处于宝宝叛逆期的三岁左右的二宝时，父母又该如何做呢？也许不需要像对待青春期的大宝那么小心翼翼，但是，父母也要洞察二宝的身心发展规律，知道二宝在这个阶段自我意识不断萌芽和发展，所以他们会表现出任性、霸道的行为特点。对于宝宝叛逆期的二宝，父母一味地与二宝讲道理是行不通的，与其费尽唇舌，还不如转移二宝的注意力，引导二宝恢复情绪平静，然后再告诉二宝具体应该怎么做，这样效果更好。

在这个世界上，父母是非常特殊的一种职业，如果说其他的职业在上岗之前都会进行各种培训，那么，父母在上岗之前是没有经过任何培训的。而且，即使是二孩父母，有了养育大宝的经验，也不能完全把对大宝教养的经验照搬到二宝身上。虽然他们都是同一个妈妈所生，但是他们的脾气秉性并不完全相同，所以，父母在对待不同的孩子时，一定要摸透他们的脾气品性，也要根据孩子的具体情况采取合适的方法去对待孩子，这样才能收到最好的教育效果。

父母一定要记住，公平的管教不等于采取相同的方式对待不同的孩子，而是在营造良好的家庭氛围的情况下，要求每个孩子都遵守家庭的规则；并根据每个孩子自身的实际情况，对他们因人制宜地展开教育，让教育达到最好的效果，这才是真正的公平

二宝为何总是"背黑锅"

随着不断地成长，孩子的心思越来越细腻，智力水平越来越高，渐渐地，大宝在成长的过程中就会发现一个很奇怪的现象，那就是当他和二宝犯了同样的错误时，他也许会被严厉责罚，二宝则会顺利地逃脱责罚。这样的现象让大宝恍然大悟，也使得大宝很乐于带着二宝一起调皮捣蛋，把家里弄得乱七八糟，然后再用让二宝背黑锅的方式成功逃脱父母的责骂。这个想法仅仅是听起来，就非常巧妙，也充分证明了大宝的智力水平越来越高。然而，父母一定会明白是怎么回事儿，因为有的时候二宝能力有限，捣乱的程度不可能如此之大。但是，有的时候父母难免紧张忙碌或者是忙着做其他的事情，因此被大宝成功地蒙混过去。那么，父母要如何做才能够揭开事实真相，并杜绝大宝让二宝背黑锅的行为呢？

当发现家里变得一团糟糕，或者是某件事情变得无可收场的时候，父

母首先要保持平静的情绪和理性的思考。如果父母陷入歇斯底里的状态，就会因为愤怒而降低智力水平，使得自己根本无法作出准确理性的判断。其次，对于孩子们给家里造成的糟糕情况，父母可以让两个孩子一起来面对，这样一来，不管是大宝还是二宝，都会意识到他们是家庭的一员，不管这个家里发生任何事情，也不管他们是否真正参与这件事情，他们都是无法摆脱干系的。当孩子们意识到自己的错误之后，父母可以把孩子分开，分别针对两个孩子的具体情况，以适合他们的教育方式来对他们进行管教。当然，这样的管教一定是要私下里进行的，否则，大宝又会去观察和揣测爸妈的心思，说不定下次还会以这种让二宝背黑锅的方式捣乱。最后，因为错误是大宝和二宝一起犯下的，所以，爸爸妈妈在对两个宝宝都进行卓有成效的教育之后，应该再把两个宝宝放在一起集中管教，告诉他们这样的情况绝不允许再发生，从而强化教育的效果。

这番的管教之后，孩子心里一定会非常紧张，家庭气氛也会变得有些尴尬，因此，接下来父母要做的就是缓解这种尴尬的家庭气氛，将其恢复到和谐融洽的状态。父母要相信，要想让孩子变得更加懂事乖巧，并不是压抑家庭气氛就可以实现的，所以，父母要积极地给孩子一个台阶下，或者可以全家人一起阅读，或者可以散步，或者可以共进晚餐，这些都是很不错的选择，也能够让孩子紧张不安的心情放松下来。

其实，对于手足关系的建立而言，这种联合犯错却让二宝背黑锅事件的发生并不完全只有负面意义，至少，在这样的过程中，大宝二宝成为同一个战壕的朋友，他们联合起来，以微弱的力量来"对抗"父母，与父母斗智斗勇。在此过程中，他们的关系变得更亲密，感情变得更深厚，当然，这只是这件事情有益的一面，而不是说这样的行为可以作为大宝和二宝加深感情的主要方式。当孩子们总是反复出现糟糕的行为时，父母要意识到也许对他们的管教没有收到预期的效果，从而更加强调家庭的规则，并督促孩子们在家庭教育中更加遵守规则。有的时候，若两个孩子在思想上真正发生了改变，他们甚至会互相提醒对方不要触犯家庭规则，以得到父母的宽容和善待。

前文说到，父母在对待两个孩子的时候一定要公平公正，不要采取不同的标准，更不要制订不同的规则，除此之外，在与孩子相处的过程中，父母还要保持前后一致。如果父母对于孩子总是前后不一致。例如，今天孩子犯了这个错误，会被父母狠狠地批评一顿，明天孩子犯了这个错误，父母因为心情比较好，就对孩子完全置之不顾；那么，孩子就会对规则产生混乱，也不知道自己的行为边界在哪里。这很不利于孩子正视自己的行为，也让他们无法避免再次犯错。

总之，大宝和二宝联合起来犯错误的行为是可以偶尔发生的，也会对他们的成长起到一定的积极作用，但是绝不准经常发生。父母对这个问题既不要过于重视，也不要完全忽视，而应以恰到好处的态度处理好这个问题，从而让两个孩子都能够遵守规则，维护家庭生活的秩序，这样家庭生活才会更加和睦幸福。

当两个孩子形成鲜明对比

在非独生子女家庭中，无论父母是否承认，他们一定会更偏爱某一个孩子，这与很多因素都有着密不可分的联系。例如，孩子出生的顺序是在前还是在后，孩子的性别是男还是女，孩子的长相是清秀还是平平，孩子笑的样子是否可爱，孩子的牙齿是否整齐美观，孩子的内心是否与父母

第 04 章
做公平的父母：每个孩子都需要平等的爱和关注

的想法契合，孩子的心灵呈现出来的样子是否为父母所喜爱和欣赏……总而言之，各种各样的因素都会影响父母与孩子之间的感情，尤其是在非独生子女的家庭中，面对诸多的孩子，父母总会有所偏爱。对于这种偏爱，父母也许会有所觉察，也许完全处于无意识的状态。他们对孩子的偏爱是由孩子的言行举止表现所激发出来的，因此，他们自己有的时候都不知道这种偏爱的存在。但是，父母对此毫不知情，并不代表孩子就对此无知无觉。孩子的心是非常敏感细腻的，他们通常能从父母对自己的态度和行为举止中发现父母是否真的爱自己，或者父母是否真的更爱自己。这样一来，当孩子意识到自己是父母最爱的孩子时，他们当然会扬扬得意，也会因此而承欢父母膝下，在父母面前有更好的表现；但如果意识到自己是父母所不喜的，那么他们往往会感到非常失落，甚至想要逃离家庭，再也不想面对父母对其他孩子的偏爱。

　　在父母眼里，手心手背都是肉，没有父母愿意承认自己偏心疼爱某一个孩子，他们总是说自己对每个孩子都很公平，都是一样地疼爱。但是孩子的觉察力超出父母的想象，有的时候，父母说起某个孩子的时候脸上带着笑容，语调也变得温柔，孩子就会清楚地意识到父母更爱这个孩子。有的时候，父母在谈论一些话题的时候，总是情不自禁说起最得意的那个孩子，其他孩子同样会把父母的这些表现看在眼里。所以，不管父母是否知道自己在偏爱某一个孩子，对于发现这个秘密的其他孩子而言，这都是一个沉重的打击，会挫伤他们的自尊心。孩子非常看重父母的评价，也很希望在与父母相处的过程中得到更好的对待，所以，当他们感到自己无论多么努力都无法得到父母的偏爱、都无法在父母眼中超过那个与众不同的孩子时，他们就会产生深深的挫败感，有些孩子甚至会自暴自弃，使得自己原本还说得过去的行为表现变得恶劣。实际上，这正是有些孩子想要通过调皮捣蛋来吸引父母注意力的原因，因为他们知道，自己即使表现得再优秀，也无法超越父母更喜爱的那一个孩子，所以，他们就以完全相反的极端方式来让父母意识到他们的存在，也让父母知道他们需要更多的关爱，以满足感情上更大的需求。

　　父母如何才能够避免偏爱一个孩子呢？毕竟父母的偏心对待会让有的孩子恃宠而骄，也会让有的孩子颓废沮丧。对此，父母至少要做到表面上的公平，这样一来，至少孩子们可以友好地相处，他们的身心快乐地成长。首先，父母必须承认自己的内心在面对不同的孩子时会有不同的反应。其次，父母应该尽量和每个孩子单独相处，给予他们足够的爱与照顾，唯有如此，父母才能走进孩子的内心深处，真正了解孩子的心理。在这里需要消除一个误会，就是很多人觉得父母既然生养了孩子，就一定是最了解孩子的那个人。其实不然。父母熟悉的只是那个在襁褓期依偎在他们的怀抱中的小小婴儿，随着孩子不断成长，父母对于孩子的内心世界并不能做到真正地了解，因而父母也要以与时俱进的眼光去了解孩子，这样才能够走入孩子的内心。再次，父母不要奢望每一个孩子都和最优秀的那个孩子一模一样，而是要意识到每个孩子都是这个世界上独立的生命个体，都有自己的优势和长处，也有自己的劣势和不足，而他们之所以成为他们自己，正是因为这些差异的存在。所以，父母既要承认孩子的优点，也要接纳孩子的缺点，这样才能做到真正包容孩子。最后，很多父母在生活的闲暇之时都会把孩子作为谈资，然而，很少有父母知道孩子对父母的看法看得多么重要，所以，当父母围绕孩子展开争讨论的时候，要避开孩子。否则，即使是被偏爱的孩子知道了自己得到父母更多的爱，他们也会因为卷入兄弟姐妹之间对爱的争夺之中而感到非常沮丧。虽然人们都认为父母对子女的爱是一种天然的感情，是无法抗拒的，但是，不可否认，在现实生活中，很多父母对于孩子的确是爱不起来，这或许是因为他们没有成为亲子的缘分，在这种情况下，父母可以引导孩子向其他成年人求助，或者请求其他成年人对孩子提供帮助。这样，才能在孩子成长的关键时期给孩子积极有效的引导。

很多不止一个孩子的家庭里，也许有些孩子与父母的缘分比较浅，年幼时就没有与父母在一起生活，年长之后与父母的感情也很淡漠，但是他们得到了祖父母或者是外祖父母的疼爱。这种情况下，他们在成长的过程中依然被爱包围，所以他们也形成了很好的品质和人格，也在长大之后对于疼爱他们的人有着感恩的心和深厚的感情。在一个家庭里，虽然彼此之间都是关系最亲密的人，但是各个家庭成员也常常会采取各种方式来融洽自己与他人之间的关系，唯有如此，自己与他人之间才会更加和谐地相处，才会让整个家庭关系都有顺利的发展。

是否要在大宝生日时送礼物给二宝呢

在成长的过程中，每个孩子都期望过生日，因为这时他们就可以索要生日礼物了。在独生子女家庭里，每年这个时候，父母都会为孩子挑选他最喜欢的礼物，那么，在不止一个孩子的家庭里，父母又应该如何给孩子挑选礼物呢？

如果孩子还很小，那么他就无法理解，每个人只有过生日才能得到生日礼物。原本，兄弟姐妹过生日是值得全家人高兴的事情，但是，他们看着过生日的兄弟姐妹拥有生日礼物，而自己却一无所有，未免会感到非常的遗憾，也会觉得内心失去平衡。对此，明智的父母会如何做呢？如何避免这种尴尬的出现呢？

　　尤其是对于更懂事的大宝来说，在二宝一周岁的生日上，二宝享受着众星捧月的待遇，而大宝则被冷落在一边，没有人关注，也没有得到心仪的礼物，这个时候大宝觉得简直糟糕极了。其实很多细心的父母都会关注到大宝的情绪。在二宝出生的时候，一定会有很多亲朋好友来看望二宝，对此，明智的父母会友善地提醒亲朋好友为大宝准备一份礼物，因为，这个时刻二宝作为新生儿什么都不懂，但是，如果大宝看到他兴致勃勃地去给来客开门，而来访的客人只给二宝带来了礼物，他心中一定会落落寡欢。对于大宝来说，这样的感受真的很不愉快。为此，父母善意的提醒，可以让亲朋好友也和父母一起照顾到大宝的情绪，满足大宝的情感需求。

　　当二宝过生日的时候，父母除了给二宝准备生日礼物以外，也应该给大宝准备一份礼物。这样一来，大宝就可以和二宝一起高高兴兴地过生日。对于父母而言，也许只是多了一份礼物而已，但是对于大宝而言，这样的关注是他需要的，这样的感情满足也是他非常渴望得到的。当然，在大宝过生日的时候，父母也不要忽略二宝的情绪感受，随着不断地成长，二宝也渴望得到父母所有的爱，尽管他是家里第二个出生的孩子，但是他并不能理性地认识到在他出生之前家里就已经有了大宝的事实。所以，看到大宝拿着父母购买的礼物高兴的样子，二宝也会情不自禁地向往礼物，因此，父母应该在给大宝准备生日礼物的时候也给二宝准备一个礼物。这样的礼物未必要与大宝的礼物价值相等或者是一模一样的，只要是二宝喜欢的，就可以让二宝得到很多的快乐。

　　随着不断地成长，孩子们的心智越来越成熟，他们会意识到，在每个人的生日那天，他会是全家人关注的重心和聚光灯下的主角。所以，那些没有过生日的孩子会主动把镜头对准小寿星，也会盼望着自己过生日的那

第 04 章
做公平的父母：每个孩子都需要平等的爱和关注

一刻。在孩子有足够的能力去理解生日的含义时，父母就可以不必再为不过生日的孩子准备礼物了。因为，孩子在不断成长的过程中，不可能始终得到如生日那天的对待，所以他们终究会产生各种沮丧和落寞的情绪，而这样的生日筵席正是他们学会如何接受糟糕情绪的过程，也是让他们平衡内心的机会。

如果父母在购买生日礼物的时候，不能正确地处理购买礼物这个问题，孩子们在与父母相处的过程中难免会感受到被冷落，所以，与其因为生日礼物而激发起孩子的嫉妒和愤怒，不如在孩子年幼的时候多准备一个礼物，从而让整个家庭都沉浸在庆生的欢乐之中。当然，在孩子长大成人之后，除了要停止给不过生日的孩子买礼物之外，父母还可以引导孩子们以自己的方式给小寿星送祝福或者是送礼物，这样一来，孩子就会从索取转化为给予，他们会感受到祝福兄弟姐妹生日快乐的幸福。

第05章
消除大宝担心：爸爸妈妈永远不会不爱你

大宝对于二宝的敌视到底是从何而来的呢？实际上大宝对二宝并没有天生的敌意，大宝之所以仇视二宝是因为他担心二宝的出生会让爸爸妈妈对他的爱减少，是因为他不想看到爸爸妈妈因为关注二宝而漠视他，是因为他害怕在有了二宝之后再也没有人爱他。在理解大宝这样的心态之后，爸爸妈妈要想消除大宝心中的担忧就要告诉大宝，爸爸妈妈对他的爱从来没有改变，保护他的安全感，这样大宝才能够安心地和爸爸妈妈一起爱二宝。

二宝出生，大宝的情绪怎么样

　　二宝出生之前，整个家庭生活中，不但父母非常疼爱大宝，爷爷奶奶、姥姥姥爷也总是围着大宝转。在整个家庭的资源中，大宝独享所有的资源，他不但有好吃的好喝的，还有好玩的。大宝没有想到的是，随着二宝的出生，他不再拥有爸爸妈妈所有的关注和照顾，因为，爸爸妈妈会花费更多的时间和精力去照顾新生儿，还有一些爸爸妈妈会未雨绸缪，先把大宝送到爷爷奶奶或者姥姥姥爷家里去生活一段时间。这样一来，大宝的感受是非常糟糕的，他会觉得他因为二宝出现而被赶出了家门，甚至觉得自己被爸爸妈妈抛弃了。这种失宠的感觉让大宝感到很不安，因为年纪的限制和语言能力发展的局限，大宝并不能准确地表达自己心中的所思所想和情绪感受。为此，在这种情况下，大宝会变得脾气古怪、任性暴躁，他们还常常以哭闹的方式来吸引父母的注意力。有些大宝为了和二宝争宠，还会表现出退化行为。二宝出生之前，他们本来已经不需要妈妈抱抱，但是，看着妈妈整天抱着二宝，他们也开始要求妈妈抱抱。他们本来可以做到夜里自己起床撒尿，但是他们偏偏尿在了床上，导致床都被尿打湿。因为对二宝过于抵触，他们也许会趁着爸爸妈妈不注意的时候偷偷地拧二宝一下，或者打二宝一巴掌。在这种情况下，父母一定要多多关注大宝的情绪，也要更加注重保护二宝的人身安全，这样才能让二宝健康快乐地成长，才能够疏导大宝的情绪，让大宝意识到爸爸妈妈对他们的爱从来没有减少过。

　　二宝满月时，家里的亲戚朋友都带着礼物来看二宝。每当听到响起敲门的声音，大宝总是连蹦带跳地去开门，然而，大家进门之后几乎忽略了

第 05 章
消除大宝担心：爸爸妈妈永远不会不爱你

站在一旁的大宝，都是马上冲过去抱起二宝或者是对着二宝啧啧赞叹。在这样的情况下，大宝心里太失落了，他觉得自己不但失去了父母的关爱，也成为了大家眼中的隐形人，大宝感到很难过。

其实，爸爸妈妈之所以决定要二宝，完全是因为很想大宝有一个弟弟或者妹妹，进而希望把二宝作为一个珍贵的礼物和终身的陪伴送给大宝。看到大宝如今的样子，爸爸妈妈感到很伤心。后来再有亲戚打电话说要来看二宝的时候，爸爸就会告诉亲戚："嗯，你可以不给二宝带礼物，不过，我希望你可以给大宝带一个礼物，好吗？不需要很贵重，只是让大宝感受到你的关注。"亲戚朋友听到爸爸这样的请求时，一开始很不理解，在爸爸的解释之下，他们不由得为爸爸点赞。就这样，每当亲戚来看二宝的时候，他们总是在开门的第一瞬间就夸赞大宝很懂事、很能干，也恭喜大宝有了一个小弟弟或妹妹，成为了哥哥或姐姐。与此同时，他们还会把礼物送给大宝，大宝高兴极了，每次都会拿礼物飞奔过去向妈妈汇报亲戚的到来。看到大宝就像变了一个人一样，那么满足欣喜，爸爸的心也终于放了下来。

二宝的出生必然让家庭结构发生根本性的改变，在整个家庭里，因为二宝的到来，最需要学会适应的就是大宝，因为，在二宝出生之前大宝的生存环境和二宝出生之后大宝的生存环境是截然不同的。所以，当二宝出生后，父母不要把所有的注意力都放到二宝身上，而是应该更加关注大宝，这样才能够避免让大宝感到失落。

新生儿确实需要花费很多时间和精力去照顾的，对此，在照顾新生儿之余，爸爸可以更多地陪伴大宝，妈妈也可以在照顾好新生儿之后抽出时间来与大宝亲近，甚至与大宝享受二人世界。这样一来，大宝便能重新享受到霸占爸爸妈妈的待遇。这样的亲密相处时间不用非常长久，短则五分钟，长则一部动画片的时间，让大宝重温三口之家的生活，有利于大宝情绪的稳定。

大宝看到二宝吃奶的时候，也会感到很羡慕，已经好几岁的他们说不定还会提出也要吃奶的请求，甚至黏在妈妈的身上，就像膏药一样甩不掉。有些妈妈不愿意大宝作出这样的表现，往往为此而训斥大宝，殊不知，大宝之所以有这样的行为表现，是有深层次心理原因的。在妈妈给二宝喂奶的时候，大宝的妒忌心更容易爆发，因为在此之前妈妈的奶是只属于大宝的，所以，在喂奶的时候，如果大宝有需求，妈妈可以让二宝吃一个奶、大宝吃一个奶。当大宝再次品尝妈妈的奶，觉得奶并没有特别的味道之后，也许就不愿意再吃了，但最重要的是，妈妈满足了他对于奶的需求，也满足了他对于妈妈的爱的需求，这样他便能保持情绪的稳定，从而更好地与二宝相处。

如果父母发现在二宝出生之后大宝的脾气变得非常坏，那么，父母不要急于责怪大宝，而是应该理解大宝的情绪反应。要记住，大宝一切异常的表现都与他心中的失落密切相关，作为父母，我们必须更加关注并满足大宝的情感需求，这样才能协调好两个宝宝之间的关系。

当大宝无法表达出自己的情绪感受时，妈妈可以主动描述大宝心中的感受，并且对大宝的感受表示理解，这样一来，大宝心中的愤怒就会渐渐地消除，也会因为妈妈的理解而更加亲近妈妈、更加接纳二宝。

和大宝一起养育二宝

对于年幼的孩子而言，当看到家里突然多了一个小生命，而这个小生命还威胁到自己的地位和生存环境时，他们要想接受全新的家庭结构，需

第05章
消除大宝担心：爸爸妈妈永远不会不爱你

要一定的时间。作为父母，我们要理解大宝的情绪变化，也要避免强制大宝必须接受二宝。要知道，每个人消化情绪都需要一定的时间，尤其是孩子，他们本身对情绪的控制能力就比较差，所以父母要做的是想方设法地引导大宝接受二宝，而不是以强制的方式要求大宝必须接受二宝，否则就会导致大宝更加抵触和排斥二宝。

在大宝接受二宝的过程中，父母要意识到非常重要的一点，那就是不要把二宝和大宝的关系对立起来，也不要让大宝和父母的关系有所分离。正确的做法是，让大宝和父母作为一个整体一起欢迎二宝的到来，并齐心协力地照顾二宝。这样一来，大宝就不会感到自己被父母抛弃，而是能够感受到父母对他的信任和理解，也会竭尽所能地照顾二宝，从而加深父母的信任和器重，与父母的关系更加亲密、感情更加深厚，并与二宝建立初步的手足关系和感情。

父母在二宝将要出生的时候，对大宝感到非常紧张，因为大宝年纪还小，不知道小生命是非常柔弱的，所以父母担心大宝会一不小心伤害二宝。为了保护二宝，也为了更好地照顾大宝，有些父母会把大宝送到奶奶或者姥姥家里。殊不知，这样的做法对大宝的情绪冲击更大，他们会觉得是因为二宝的出生爸爸妈妈才抛弃他们，或者把他们摒弃于生活之外，并因此而情绪更加低落。

其实，父母不应该让大宝与二宝的到来进行割裂。很多明智的父母在怀胎十月的过程中就会有意识地培养大宝和二宝之间的感情。例如，当二宝在妈妈的子宫里生根发芽的时候，妈妈就可以告诉大宝他即将成为哥哥或者姐姐。在整个孕期过程中，妈妈也不要因为担心大宝手舞足蹈的会伤害胎儿就故意疏远大宝。对于帮助大宝接受二宝这件事情来说，一切如常就是对大宝情绪最好的安抚。

妈妈去医院生育二宝的时候，也可以让大宝去医院陪伴。在此过程中，大宝可以知道妈妈孕育生命受到的煎熬，从而对妈妈更加感恩。在新生命刚刚诞生的时候，妈妈要及时对二宝进行抚触，与新生儿脸颊靠着脸颊地亲密接触。其实，这样的亲密接触，对于大宝也是需要的。因此，不妨把二宝放在大宝的怀里，让大宝感受到这个柔弱的小生命，这样一来，大宝对二宝的感情会更加深厚，内心深处也会油然升起作为哥哥姐姐的保护欲，从而为他以后和二宝之间的手足感情奠定良好的基础，也为亲子关系作好铺垫和准备。

除了让大宝和二宝亲密接触之外，在养育二宝的过程中，大宝还可以做哪些事情呢？其实这是根据大宝的年龄来决定的，因为，在不同的年龄段，孩子的能力水平是不同的。例如，大宝可以帮助妈妈给二宝拿尿不湿，或者在二宝洗澡的时候帮助妈妈给二宝拿沐浴露。在照顾二宝的过程中，大宝会有很多的发现。他会发现，二宝出生的时候这么小，没有牙齿也不能吃其他的东西，这样一来，他就可以理解妈妈为何总要给二宝吃奶。他还会发现二宝不能自己翻身，也不能够自己换尿不湿，这样就理解了妈妈为何要和二宝睡在一起，要亲手给二宝换尿不湿。意识到二宝的确是需要照顾的，对于妈妈全身心地照顾二宝这件事，大宝就不会那么嫉妒了。当然，大宝参与养育二宝的过程必须是他自愿的，父母不能强迫大宝必须这么做，否则就会激起大宝的逆反心理，导致大宝反感二宝。

在很多二孩家庭里，妈妈会发现大宝突然开始迷恋妈妈的奶奶，这是因为他们看到二宝香甜地吃着妈妈的奶奶会感到很不平衡。其实他们并不是真的要吃奶，而只是想和二宝争夺妈妈的奶奶而已。在这种情况下，妈妈不如满足大宝的心理需求，给大宝吃奶奶，当大宝觉得奶奶并不好吃时，就不会再吃了。在给二宝喂奶的时候，妈妈不要故意躲到房间里，也可以把大宝拥抱在怀中，这样一来，大宝也可以和二宝一样感受妈妈的心跳。总而言之，大宝对于新生命的到来并没有清晰的概念，而当父母邀请他一起来养育二宝的时候，他就会更加深切地体会到照顾二宝的辛苦和乐趣，也会在此过程中加深对二宝的感情，并且与二宝建立密切的关系。与此同时，大宝还可以进行角色的转换，意识到自己是有责任照顾弟弟妹妹的，也意识到弟弟妹妹对他的依赖，这样一来，大宝就会油然而生自豪感，对二宝也会更加宽容。

孩子的天性是非常和善、友爱的，他们不但喜欢小动物，也非常喜欢弱小的生命。当家里增添一个小婴儿的时候，父母只要摆正态度对待大宝，并采取积极的方式引导大宝，大宝就会很愿意投入到对二宝的照顾之中。只要全家三口齐心协力地迎接二宝的到来，并努力地照顾好二宝，在此过程中，不但三口之间的关系更加牢固，感情更加深厚，大宝对于二宝的接纳程度也会大大提高。

保持大宝原有的生活规律

当两口之家变成三口之家时，爸爸和妈妈的生活都会发生很大的改变，他们原本已经适应了两口之家的生活节奏和规律，现在不得不开始适应三口之家的生活节奏。而随着二宝的出生，三口之家又变成了四口之家，整个家庭里又多了一个需要悉心照顾的小生命，此时，爸爸妈妈的时间和精力一定会被二宝大大地分散，这样一来，家庭的生活难免会陷入暂时的混乱状态。尤其是在新生儿刚刚出生的时候，爸爸妈妈总是顾此失彼、手忙脚乱，也会在不知不觉间忽略了对大宝的爱和关注，这样一来，大宝心中难免会感到失落。

如果大宝正处于三四岁的年纪，那么也就意味着他们处于秩序的敏感期，此时的他们希望自己的生活是非常有规律的，也不希望秩序被打乱。因此，当大宝已经习惯了每天晚上八点半洗澡，九点上床听故事，在爸爸的陪伴下进入梦乡的时候，如果爸爸妈妈突然从他的身边消失，也没有人提醒他按时洗澡，那么他就会感到很不适应。对于自己的很多物品，大宝原本有固定放置的地方，现在因为二宝的出生，不得不让大宝睡到小卧室去，换了一个陌生的睡觉环境，大宝当然会很难接受。总而言之。各种变化都猝不及防地到来了，大宝在情绪失落之余，又因为自己的活动地盘和领地被二宝侵占而情不自禁地敌视二宝，同时也会觉得自己被爸爸妈妈抛弃。从这个角度来说，要想让大宝平稳度过二宝出生的这个阶段，爸爸妈妈不但要花费更多的时间和精力来关注大宝，而且要尽量保持大宝生活的正常节奏。对于大宝来说，如果生活节奏一如往常，没有太大的差别和变动，那么他就更容易适应二宝的到来，也会对二宝的到来怀有欢迎的态度。

当然，很多爸爸妈妈也会感到为难，因为毕竟家里突然多了一个需要照顾的新生命，很多事情都会发生一些改变，所以他们很想大宝能够马上长大，可以独立地照顾自己，而不用他们过多操心。殊不知这样的想法恰恰是错的，哪怕大宝现在已经具备一定的自理能力，为了避免大宝情绪失落，爸爸妈妈也要在大宝身上花费更多的时间和精力，还要更加用心地满足大宝的需求，这样才能够让大宝平稳地度过二宝到来的关键时期，才能够让大宝接纳新的家庭结构和新的家庭成员。

二宝出生之前，每天上午九点半前后，妈妈都会带大宝去公园里晒太阳。妈妈不但会带着水和食物，而且会给大宝带一些玩具。然而，随着分

第05章
消除大宝担心：爸爸妈妈永远不会不爱你

娩期的临近，妈妈的身形越来越笨重，已经拿不动玩具了。为此，大宝到了公园之后没有东西玩，往往会发脾气。

后来，妈妈想出了一个好办法。她把玩具寄放在一楼一家邻居的家里，这样一来，每天大宝都可以去他们家拿玩具，妈妈也省得拖着沉重的身体搬动玩具。解决了这个问题之后，随着二宝的出生，新的问题又出现了。原来，在二宝出生之后，因为奶奶和姥姥身体都不好，所以家里并没有老人帮忙。在这种情况下，爸爸妈妈不但要照顾大宝和二宝，爸爸还要外出工作，所以妈妈的时间非常紧张。坐月子期间，妈妈不能带大宝出去晒太阳，每天上午大宝都非常烦躁。他听到小区广场上传来孩子们在一起玩耍的声音，甚至要求自己出去玩儿，妈妈当然不能答应。好不容易挨到坐完月子，妈妈才能抱着二宝一起陪大宝出去玩。返回到小朋友们的团队之中，大宝觉得开心不已，他高兴地疯玩，不但情绪很好，饭量也大增，身体变得越来越强壮。在陪着大宝玩耍的过程中，二宝也可以晒太阳，有的时候，妈妈担心二宝睡着，还会带着小被子，这样一来，总算协调好了两个宝贝之间的关系。

不要因为二宝的到来就打乱大宝的生活节奏，也不要因为二宝的到来就剥夺大宝原本该享受的权利。只有尽量维持大宝的生活节奏不变，大宝才会更加安心，才不会误以为二宝的到来剥夺了爸爸妈妈对他的爱。

有的时候，父母也觉得很委屈，他们这么千辛万苦地再生一个孩子，其实就是为了给大宝一个伴儿。实际上，大宝现在并不能理解父母这样的良苦用心，他们只关心自己的生活，也只会感受到生活的变化。对于大宝的爱，父母最好的表现方式就是维持他们的生活，这样大宝内心才会觉得踏实。

当大宝总是打二宝

前文已经说过大宝为何对二宝的出生怀有敌意，实际上，大宝的这种情绪是完全可以理解的，毕竟每个孩子都本能地想要得到父母所有的爱与关照。因此，伴随着二宝的出生，当大宝出现情绪异常或者胡乱发脾气的时候，父母一定不要对大宝颐指气使或者高声呵斥，而是应该理性地对待大宝的情绪反应，从而帮助大宝更加健康快乐地成长。

只有让大宝感受到父母的爱没有任何变化，也知道二宝的到来对于他的生活会有好的改变，大宝才能够真心诚意地迎接二宝的到来，才能够对二宝的到来表示欢迎，并与二宝建立友好的关系，形成深厚的感情。当然，这是一个漫长的过程，父母不要奢望大宝在短时间内就能消化自身的不良情绪，也不要要求大宝必须毫无芥蒂地接受二宝。归根结底，没有人希望自己的生活节奏被别人打乱，也没有人希望自己已经得到的爱被稀释和分散，所以父母要更加关注大宝的情绪和感受，这样才能够积极地引导大宝。

当大宝心中的负面情绪积攒到一定阶段的时候，他们甚至会对二宝做出过激的举动。例如，有些大宝对二宝的妒嫉心强烈，或者是父母在两个孩子之间发生矛盾和冲突的时候明显偏向二宝，这些都会让大宝被激怒，导致大宝对二宝做出过激的行为。大宝趁着爸爸妈妈不注意的时候打二宝，这样的事情在如今二孩家庭越来越多的情况下并不少见，所以父母一定要密切关注大宝的情绪，不要放心地把二宝交给大宝照顾，而应在保证安全的情况下疏通大宝的情绪感受，努力让两个宝贝建立更好的关系。

第05章

消除大宝担心：爸爸妈妈永远不会不爱你

二宝出生之前，大宝原本是一个性格温顺、非常和气的孩子，常常被父母夸赞乖巧懂事。然而，自从二宝出生后，大宝的性格就有了很大的改变。他变得非常暴躁，常常很任性，且经常哭闹不休。尤其是随着二宝不断地成长，大宝变得越来越自私，他不允许二宝碰他的任何东西，还总是霸占家里所有的玩具。有的时候，如果爸爸妈妈不能满足大宝的心愿，他还会不停地哭泣。对于这如同变了一个人的大宝，爸爸妈妈简直无可奈何。

一个周末，因为爸爸临时要去外地出差，妈妈不得不自己照顾大宝和二宝。晚上，妈妈在厨房做饭，突然听到在婴儿床上睡觉的二宝大声哭起来。妈妈拿着炒菜的勺子就冲出厨房查看二宝的情况，只见大宝正趴在二宝的婴儿床旁看着二宝。看着二宝哭泣的样子，大宝面无表情，面对妈妈的询问，大宝接连摇头，妈妈以为二宝是因为睡觉做了噩梦所以才会哭，也就离开了。然而没过几天，这样的情况又发生了两次，妈妈不由得起了疑心：为何大宝站在二宝婴儿床边的时候二宝就会莫名其妙地哭泣呢？有一天，妈妈特别留心地观察，才发现原来大宝在偷偷地掐二宝。晚上给二宝洗澡的时候，妈妈还特意查看了二宝被掐的地方，果然发现有指甲盖大小的一块青紫。妈妈恍然大悟，原来大宝对于二宝的妒嫉已经到达了这样的程度，以致让他对二宝痛下狠手。当然，妈妈并没有当即斥责大宝，因为妈妈很清楚，既然大宝会偷偷地掐二宝，就说明大宝很嫉妒二宝，如果妈妈在这种情况下还是偏心二宝，那么只会导致大宝对二宝的行为变得更加严重。等到爸爸回家以后，妈妈和爸爸说起这件事情，他们经过商量，一致决定以后要更加关注和爱大宝，这样大宝才不会把因为失去爸爸妈妈的爱而产生的愤怒发泄到二宝身上。

大宝和二宝在一起，如果他们之间发生矛盾和冲突，明智的爸爸妈妈会批评二宝，而不会当即呵斥大宝，这样一则可以避免大宝内心失去平衡，二则可以避免二宝恃宠而骄。如果大宝和二宝有同样需求，那么爸爸妈妈要先满足大宝的需求，注意不要当着大宝的面夸赞二宝，否则就会导致大宝陷入愤怒的状态，觉得自己被爸爸妈妈嫌弃了。实际上，当大宝出现这种负面情绪的时候，父母也不要指责大宝，否则会加重大宝的负面情绪。父母要理性地接受大宝的情绪和想法，这样大宝才会觉得自己的行为并不另类。最重要的是，父母一定要告诉大宝，他们的爱从来没有改变，让大宝获得安全感，从而心甘情愿地接纳二宝。

有了二宝之后，大宝就成为了哥哥或者姐姐，父母还要注意维护他们的尊严。即使大宝真的犯了错误，也不要在二宝面前批评大宝，否则二宝就可能不会一如既往地崇拜大宝，大宝失去了偶像的地位，在言行举止方面也会表现得不如之前好。此外，还要记住不要轻易地把两个宝贝放在一起比较，因为，如果父母总是拿两个宝贝相互比较，那么，更懂事的大宝很容易产生强烈的妒嫉心理，这样一来，大宝对二宝当然会产生敌意。很多手足之间的嫉妒都是因为父母无意间的比较导致的，因而明智的父母不会比较两个孩子，而是会多多鼓励和认可每一个孩子，并引导孩子们在相处的过程中亲密相处，相互促进彼此的成长。

保护好大宝，拒绝逗弄

在现实生活中，有很多人都没有正确对待大宝和二宝的心态，尤其是除了父母之外的那些亲戚朋友，每当看到家庭里增加了一个新生命，他们往往会带着礼物前来祝贺。但是，在祝贺的过程中，他们总是会在无意之间做出伤害大宝的事情，或者说出伤害大宝的话。比如他们会问大宝："大宝，有了弟弟之后，爸爸妈妈就不要你了，你怎么办呢？"这句话说起来看似很有趣，看着孩子被逗哭的样子，在场的人都会笑起来，但是他们都没有意识到，对于年幼的孩子而言，他们根本分不清玩笑话和真话，他们的内心会因此产生深深的恐惧，觉得自己很快就会失去爸爸妈妈、失去完整的家。对孩子而言，家是他们生存的整个世界，如果他们真的失去家和爸爸妈妈，则无异于灭顶之灾。这种情况下，大宝怎么能不感到万分恐惧，并立马把二宝视为自己的最大敌人呢？

也有的人会逗弄大宝："大宝，爸爸妈妈是更喜欢你还是更喜欢二宝呢？我想，他们一定更喜欢二宝吧，你看二宝多可爱啊！"每个孩子都希望自己是最可爱的，也希望自己得到所有人的关注和重视，所以，当听到这样的话时，大宝会瞬间觉得自己曾经光鲜亮丽的世界坍塌了，他不再是家庭生活的中心，甚至已经被爸爸妈妈从心中抹除，从此以后，爸爸妈妈只记得二宝的好处和可爱。对于大宝而言，这当然也是生命无法承受之重。因此，成人不要把自己的快乐建立在孩子的痛苦之上，尤其是不要当众逗弄孩子，把这些让孩子无法接受的难题就这样猝不及防地抛给孩子，对孩子造成极大的伤害。

原本二宝的出生已经让大宝很失落，再加上亲戚朋友的逗弄，会让大宝原本失落的情绪跌入更深的低谷。孩子毕竟还小，他们无法准确地描述出自己内心的感受，也无法对父母表达自己的需求，因此当得到这样不合理的对待时，他们也依然无法拒绝。他们只能够在心里默默地承受，或者痛哭不止。作为成人，我们不要以这样的玩笑话来肆意伤害孩子的心灵，导致孩子失去安全感，更不要激起大宝对二宝的竞争和敌对意识，否则大宝对二宝发起攻击的可能性就会大大增加。父母也许会因为碍于面子而不好意思直截了当地指出亲朋好友的错误，实际上，这样的不好意思会给孩子带来难以抹平的心灵创伤。明智的父母会当即为亲朋好友指出错误，并委婉地要求亲朋好友不要开这样的玩笑，这对于孩子是一种保护。

在庆祝二宝出生的时候，家里会来很多亲戚朋友，整个家里都会显得乱糟糟的。在这种时候，有的亲戚朋友会故意教大宝错误的事情。例如，让大宝叫一个年轻人为爷爷，叫一个阿姨为奶奶，引得周围的人轰然大笑。而大宝根本不能区分这样的行为是对还是错。更有一些成年人，还会引诱大宝喝酒抽烟，不得不说，这对大宝的身心伤害都是非常严重的。还有的成年人以孩子的缺点给孩子起外号，嘲讽和戏弄孩子，导致孩子对自己的评价非常低。殊不知，尽管孩子无法作出有力的反驳，但是他们会渐渐地形成以其人之道还治其人之身的错误思想，既不懂得尊重别人，也无法得到别人的尊重，可想而知，未来的他们，在步入社会之后，在人际关系方面将会变得非常被动。总而言之，孩子非常信任成年人，尤其非常信任自己的父母，因此，父母不但要在孩子面前以身作则，做好很多事情，而且要冲锋在前，保证孩子不受外界的伤害，给孩子正确的认知和引导，这对于孩子的成长具有深远的意义。

父母从来不是完美无瑕的

在传统的教育观念中，父母总是对孩子提出各种严格的要求，而孩子的任务就是想方设法地努力进步，来满足父母的要求、达到父母的要求。在现代社会，提倡赏识教育，很多父母要意识到，一味地批评和否定孩子，只会伤害孩子的内心，阻碍孩子的成长，因而父母要更加认可孩子，

第05章
消除大宝担心：爸爸妈妈永远不会不爱你

并以各种方式赞美孩子。尤其是如今大多数家庭只有一个孩子，只有极少数的家庭有两个或以上的孩子，父母会对孩子投入自己所有的爱与关注，也会为了让孩子更加优秀而拼尽全力。例如，有些父母在孩子还在娘胎之中时，就给孩子报亲子班，等到孩子出生了，他们又迫不及待地给孩子报各种各样的补习班兴趣班。父母最大的愿望是孩子可以借鉴他们的经验，踩在他们的肩膀上努力向上；而实际上，人生的很多经验都不是可堆叠的。父母的经验是自己成长过程中得到的，孩子同样要亲身经历成长，才能获得更深刻的人生经验。

一些父母因为自身在成长过程中有太多的遗憾，总是把自己的愿望强加于孩子身上，希望孩子能够实现父母的愿望。不得不说，对于孩子而言，这是非常不公平的。孩子虽然因为父母来到这个世界上，但是他们并不是父母的附属品，也不是父母的私有物，他们是独立的生命个体，有自己的思想意识，也有自己独特的见解。父母一定要尊重孩子，让孩子自主地选择自己的人生，而不要总是强迫孩子。

现代社会，很多父母都陷入教育焦虑状态，他们在计划要孩子之前，就会参加各种各样的父母培训班、听专家讲座等，只想通过他人的经验来把自己装配得不可战胜。他们对于养育孩子方面知识的学习热情甚至远远大于当年参加高考的热情。也有一些父母，因为迷信育儿专家的理论，在教育孩子的过程中完全脱离实际，他们误以为，只要根据专家的理论去养育孩子，孩子将来就会成为出类拔萃的人才。不得不说，没有任何一个父母可以给孩子安排好人生，每个人的人生都会有很多未知数。父母本身就不是完美的人，又如何能够把孩子的教育做到完美无瑕呢？细心的父母会发现，就算是那些育儿专家，在教育孩子的过程中也会面对各种各样的难题，也会因为不完美而感到非常懊悔，然而这就是人生的常态。

父母教育孩子的心态过于拔高而孩子不能达到预期效果的时候，他们就会产生深深的挫败感。还有一些父母，在孩子呱呱坠地的时候，就对孩子怀着过高的期望，他们觉得自己的孩子一定是出类拔萃、与众不同的，却在孩子渐渐成长的过程中意识到一个不可改变的事实，那就是他们的孩子只是一个普通而又平凡的人，很难成为他们想象中出类拔萃的人。

什么是真正的教育呢？所谓教育，就是要引导孩子顺应天性发展，在最舒适宽松的家庭环境中自由地成长，而不是像一个塑形的机器一样把孩子变成父母心中想要的样子。父母固然要参考各种学者专家的意见，拓宽自己育儿的眼界，但也应该从孩子的实际情况出发，从而正确引导孩子，挖掘潜藏的智力和能力。这样，父母才可以在养育孩子的基础之上激发孩子的天性，创造机会让孩子发挥自身的潜能，拥有属于自己的精彩、充实的人生。

作为父母，与其因为养育孩子而把神经绷紧，让自己处于紧张兮兮的状态，我们不如放松神经，轻松地陪伴孩子成长。所谓有心栽花花不成，父母的强制会给孩子太大的心理负担和压力，让孩子根本无法从容地成长。所谓无心插柳柳成荫，如果父母能给孩子营造宽松家庭环境则往往更容易激发出孩子内心的力量，让孩子发挥所有的潜能，孩子反而会有所成就。父母要记住，孩子既不像父母想象的那么坚强，也不像父母想象的那么脆弱，生命有其自身的节奏和规律，父母最该做的是尊重孩子成长的节奏，让孩子自由地成长。

在家庭教育中，父母要给孩子树立正确的榜样，要以身示范引导孩子去成长，而不要凡事都苛求完美，因为父母也不是上帝，而只是普通人，不可能在每一个时刻、每一件事情上面都表现完美。要知道，这个世界上从来没有真正的完美，身为不完美的父母，我们应立志养育出不完美却健康快乐的孩子。

第 06 章

关注大宝情绪：流失的爱容易诱发大宝嫉妒心理

人的本性之一就是嫉妒，不管是成人还是孩子，人们常常会因为各种原因表现出对他人的嫉妒，甚至，在婴儿时期，人类嫉妒的天性就已经显现出来。在二孩家庭里，对于大宝而言，原本全家人的爱都独属于他，如今却突然多出来一个分享者，而且这个分享者很可能后来居上，得到比他更多的爱与关注。这当然让大宝无法忍受。所以，在妒忌情绪的刺激下，大宝很容易做出各种出格的举动，表现出暴力的倾向。作为父母，我们应该更加关注大宝的情绪，避免大宝被嫉妒冲昏头脑，做出伤害二宝的事情。当然，最重要的在于帮助大宝消除负面情绪，让他健康快乐地成长。

嫉妒是孩子的正常情绪

为了消除大宝对二宝嫉妒的情绪，父母首先要找到大宝嫉妒二宝的根本原因，所谓心病还须心药医，解铃还须系铃人，只有了解大宝真实的心理状态，有的放矢地满足大宝的心理和情感需求，才能够让大宝消除嫉妒的情绪，真正地敞开怀抱，迎接二宝的到来。

二宝到来之后，在整个家庭生活中感受到最大变化的不是爸爸，也不是妈妈，而是大宝。在二宝出生之前，大宝独享全家人的关注。他既不需要与人分享美食，也不需要与人分享玩具，然而，随着二宝的到来，这一切都改变了。因为随着新生命的呱呱坠地，妈妈不得不把大量的时间和精力都用来照顾二宝，甚至会不由分说地要求大宝把玩具分给二宝，这样一来，大宝心中怎么能不失落呢？

也许，在得知二宝即将诞生的第一刻，大宝就很担心。随着二宝的出生，大宝的担心变成了现实。他的内心中风雨飘摇，他没有安全感，于是他不但对二宝充满嫉妒，甚至对二宝满怀怨恨。对于大宝的情绪，爸爸妈妈一定要及时地觉察，并给出正确的应对，这样才能疏导大宝的情绪，才能让大宝真正接纳二宝。

豆豆三岁时，妈妈就怀上了二宝。豆豆过完四岁生日没几天，二宝就出生了。在怀孕期间，妈妈就给豆豆做了很多思想工作，所以豆豆对于二宝的到来是有思想准备的。豆豆很欢迎二宝，原本他出门的时候经常要让妈妈抱抱，但是自从妈妈告诉他妈妈的肚子很大，里面还住着一个小宝宝，不能受到挤压，豆豆再出门的时候就总是乖乖地和妈妈牵着手一起

第06章
关注大宝情绪：流失的爱容易诱发大宝嫉妒心理

走。然而，对二宝出生满怀憧憬的豆豆，在二宝真正出生之后，感到很不适应。

二宝还很小，每天，妈妈陪着豆豆出门晒太阳时，总是要抱着二宝，如果二宝睡着了，妈妈还要用随身带着的被子给二宝盖好，谨防二宝着凉。这个时候，豆豆就很不开心，他常常结束玩耍，跑到妈妈身边，要求妈妈也抱着他，还要给他盖上被子。妈妈对此哭笑不得，她再三对豆豆解释："豆豆，你已经长大了，不需要在外面睡觉，也不用被子包着。"但是，豆豆并不接受妈妈的解释，还是坚持要抱抱，要像二宝一样在妈妈的怀里睡觉。无奈之下，妈妈只好提出带着豆豆和二宝回家。豆豆很不愿意，他想和弟弟一样在妈妈的怀抱里裹着被子睡觉。妈妈简直不知道怎么办才好，只好用被子包着豆豆和二宝，让他们两个一起在怀里睡觉。豆豆才睡了几分钟，就忍不住要起来继续和小朋友们玩耍，但是他的内心感到非常满足，情绪也好多了。

毫无疑问，豆豆在嫉妒二宝。他看到二宝在户外时可以躺在妈妈的怀抱里睡觉，还可以得到妈妈的安抚和照顾，盖着妈妈从家里带出来的被子，所以他的嫉妒情绪大爆发，因为他没有得到和二宝一样的对待。在这样的情况下，妈妈要弄清楚豆豆真正想要得到什么，而不要一味地指责豆豆，否则就会导致豆豆更加焦虑。实际上，豆豆想要的不是妈妈的被子，也不是妈妈的怀抱，而是像二宝得到的一样的爱。

很多父母都误以为大宝已经长大，理所当然应该懂事，然而他们忽略了一点，那就是大宝只是一个孩子而已，尤其是二宝的到来分走了妈妈的爱，以致大宝心中充满了担忧和恐惧。但是大宝毕竟是个孩子，还无法准确地用语言表达自己的内心，所以只能通过行动来发泄不满和紧张的情绪。有些父母还会发现大宝变得非常不讲理，也会和二宝一样出现尿床的行为，有的大宝甚至要求吃妈妈的奶奶，或者是喝奶瓶。这些让大人感到匪夷所思的要求，实际上都是大宝对于情感的需求。

仔细想一想，大宝这样的行为表现就像热恋中的人在发现所爱的人已经移情别恋时所做出的过激行为，所以爸爸妈妈要更加理解和尊重大宝，也要用更满的爱来填补大宝情感的缺失。唯有让大宝再次获得安全感，大宝才能够乖乖地和父母一起照顾二宝，并发自内心地接纳和爱上二宝。

不要忽视大宝的"老大情结"

几乎每个大宝都有老大情结，这是因为大宝的生活由于二宝的到来的确发生了翻天覆地的改变，为此，大宝情不自禁地想变得和二宝一样小，可以天天蜷缩在妈妈的怀抱里，饿了就吃奶，困了就睡觉，享受妈妈无微不至的照顾。他们也见不得爸妈或祖辈对二宝比对自己好，当有人无意间说出二宝的好处时，大宝就会变得歇斯底里，马上表明自己才是那个最优秀的孩子。有的时候，大宝看到爸爸下班回来没有亲近自己，而是先抱起二宝，大宝也会莫名其妙地哭泣。实际上，如果父母对于大宝的言行举止感到奇怪，那只是因为父母不了解大宝的心理状态。从内心深处来说，大宝很清楚自己为何要哭，因为他觉得自己受到了委屈，所以嫉妒的情绪疯长。

在传统的家庭教育观念之中，父母总觉得大宝已经长大，而二宝还很小，还需要不断地成长，因而给予二宝更多的照顾。在这种情况下，每当大宝和二宝发生冲突，二宝开始哭泣、发泄委屈，爸爸妈妈总是不由分说

第06章
关注大宝情绪：流失的爱容易诱发大宝嫉妒心理

地就批评大宝一顿，并坚决地要求大宝必须让着二宝，这让大宝感到更难以接受。有的时候，父母会在不知不觉之中忽略了大宝在成长阶段中所处于的特殊时期，因而要求大宝必须更宽容二宝。殊不知，大宝本就处于特殊的身心发展阶段，又因为在家庭中的地位受到威胁，所以他的老大情结会更加浓重，他心中嫉妒的情绪也会不断发酵。因此，大宝的内心状态失去平衡，总是对二宝感到愤愤不平、充满敌意。

一一三岁，正处于宝宝叛逆期，她在这个阶段里自我意识不断地萌芽和发展，也越来越喜欢把各种东西据为己有。正在这时，妈妈怀了二宝，显然，这对于一一是巨大的挑战，对于整个家庭生活也必将带来极大的冲击。

很快，二宝出生，在二宝吃奶的时候，一一总是扑进妈妈的怀抱里也要求吃奶。一开始，妈妈坚决拒绝一一的请求，但是，随着一一要求的次数增多，妈妈意识到，一一也许并不是想吃奶，而只是想得到妈妈的爱。为此，妈妈准许一一可以吃奶。然而，一一只吃了一口就跑开了，以后再也没有提出要吃奶。随着二宝不断地成长，妈妈把一一此前穿过的衣服拿出来给二宝穿，但是，一一一看到自己穿过的旧衣服出现在二宝的身上，就会马上歇斯底里地哭泣。一一强烈要求妈妈马上把这些衣服从二宝身上脱下来。妈妈再三解释："一一，这些都是你穿过的衣服，现在你长大了，穿不下了，可以给二宝穿。这样妈妈就可以节省出更多的钱给你买玩具！"即便如此，一一也还是不依不饶。有一次，一一看到二宝穿了她的一条小裙子，那条裙子是一一小时候最喜欢的裙子，为此她歇斯底里地哭了一个小时。妈妈想尽办法也没有把一一哄好，最终只得给二宝换了一件衣服，把那条裙子还给一一才算作罢。

作为一个正处于宝宝叛逆期的三岁孩子，一一根本无法理解妈妈说的那些含义深刻的话，她只知道原本妈妈每天都在陪伴着她，现在却要抽出更多的时间和精力陪伴二宝。她也知道很多漂亮的衣服虽然她穿不下了，但是那些衣服此前一直乖乖地躺在她的衣柜里，现在却被妈妈拿出来给二宝穿。这样一来，一一觉得自己的利益受到了侵害，尤其是当爸爸妈妈因为她哭闹而批评她的时候，她更是感到委屈万分，因为爸爸妈妈根本没有理解她的心情，也没有安慰她。在爸妈的批评之下，一一更加失落，她觉得爸爸妈妈只爱二宝，再也不爱她了。正因为如此，一一的情绪更加反复无常。她常常无缘无故地哭闹，以此来吸引爸爸妈妈的注意力。其实，爸爸妈妈不知道，一一之所以做这些任性妄为的举动，只是想要吸引爸爸妈妈对她的关注，只是想得到爸爸妈妈更多的爱，而并非故意捣乱。

针对二宝出生之后大宝表现出的各种反常行为，曾经有儿童心理学家进行过专门的研究，最终得出结论：大宝之所以出现各种反常行为，是因为他们觉得自己的中心地位被转移，所以他们才会非常妒嫉二宝，才会对二宝做出各种过激的举动。其实，我们可以想像大宝出现这样情绪的原因——在二宝出生之前，大宝一直处于家庭生活中的中心地位。因为二宝的出生，大宝无法继续得到家人所有的关注，但是大宝心中此时已经形成了自我中心论。让他们一时之间放弃自己的中心地位，和父母一起去众星拱月般地环绕在二宝身边、全力以赴地照顾二宝，这显然是很难做到的。

对于三岁左右的孩子而言，他们的自我意识不断增强，开始把自己和外部世界区别开来。细心的父母会发现，孩子在三岁左右时，最喜欢说的话就是"我的"。在这个阶段，他们喜欢把一切喜欢的东西据为己有，而无法区分清楚哪些东西是我的、哪些东西是别人的，更没有分享的概念。为此，当他们发现父母过多地关注和照顾二宝时，他们就会产生浓重的老大情结，即为了吸引爸爸妈妈的注意力而想出各种各样的办法。

第 06 章
关注大宝情绪：流失的爱容易诱发大宝嫉妒心理

当大宝出现这样的行为表现时，爸爸妈妈不要断言大宝的嫉妒心很强，也不要说大宝很小气，而应该想方设法地满足大宝情感方面的需求，加深与大宝之间的感情。当大宝通过感知父母的爱得到安全感时，他对于二宝的嫉妒就会大大减弱。

大宝为何会过度热情呢

很多父母都以为大宝在嫉妒二宝的时候一定会故意以哭闹的方式吸引父母的注意力，甚至会在妒忌情绪的驱使下偷偷地打二宝。殊不知，大宝嫉妒二宝的表现并不止于此，有极少数的大宝在妒嫉情绪的驱使下，会做出截然相反的行为举动。例如，他们会表现得更加喜欢二宝，以这样的热情来迷惑父母，让父母以为他们是真喜欢二宝，以便得到报复二宝的机会。因此，父母在协调大宝和二宝之间的关系时，要多多留意大宝的异常举动，这样才能够卓有成效地保护二宝。毕竟二宝才刚刚出生，在体力和智力上都远远不如大宝，也更容易受到伤害，所以，对于家有不止一个孩子的父母而言，时刻注意孩子的安全问题是很有必要的。

在爸爸妈妈心目中，可可是一个非常乖巧的女孩。她从小就很懂事，有时候去亲戚家里做客，对亲戚家里的小宝宝，她也表现出非常友好的样子。正是因为看到可可很喜欢婴幼儿，也喜欢与比自己小的孩子玩耍，在二孩政策放开之后，爸爸妈妈才临时产生了要二宝的想法。然而，当爸爸妈妈告诉可可她即将有一个弟弟或者妹妹的时候，可可脸上的表情很复杂。妈妈问可可："可可，你不是一直很喜欢小宝宝吗？"可可说："我是喜欢小宝宝，但是我不喜欢我们家多一个小宝宝。"对于可可的话，妈妈并没有放在心上，她觉得，在二宝出生之后，可可只要看到二宝，就一定会很喜欢上小宝宝的。

一切正如妈妈所预料的那样，随着二宝的出生和成长，可可对于二宝越来越喜爱。二宝也是一个女孩，长得粉白柔嫩，而且非常安静，很少哭泣。看到可可对于妹妹这么喜爱疼惜，妈妈觉得很欣慰，妈妈不止一次告诉爸爸："我们决定要二宝真是对了，这样的话，将来可可可以和妹妹相依为命，就算我们老了、不在了，他们也能相互扶持、彼此照顾。"

有一天，妈妈给二宝喂完奶之后正抱着二宝拍奶嗝呢，可可凑上来对妈妈说："妈妈，我可以抱抱妹妹吗？"妈妈当然愿意借此机会加深姐妹之情，为此当即点头同意："当然可以，要这样一只手托着屁股，一只手抱着腰。"在妈妈的演示之下，可可有模有样抱着妹妹，妈妈忍不住拍了一张照片发给正在上班的爸爸看，爸爸也回复了一个笑脸。正在这时，妈妈突然想去卫生间，因而叮嘱可可："可可，你就这样抱着妹妹坐在沙发上不要动，等妈妈回来。妈妈一分钟就好！"妈妈才刚走到卫生间门口，就听到妹妹传来撕心裂肺的哭声。妈妈预感不好，赶紧奔到客厅查看情况，这个时候，可可正在使出吃奶的力气使劲勒着小妹妹。小妹妹的脸涨得通红，妈妈紧张地问："可可，你为什么要使这么大力气呢？"可可对妈妈说："妈妈，我是在和小妹妹玩儿呢，我喜欢小妹妹！"听了可可的解释，妈妈没有过多在意，因为可可的确一直都很喜欢小妹妹。后来，妈妈才发现可可对于小妹妹简直热情过头了。每次和小妹妹亲密接触的时候，她都会使出过大的力气，把小妹妹弄哭。妈妈感到很苦恼，她虽然怀疑可可也许是故意这么做的，但是又觉得，可可这么乖巧可爱，应该不会故意伤害小妹妹。这到底是为什么呢？

从心理学的角度来说，二宝的出生会让大宝感到非常紧张，他会觉得

第 06 章
关注大宝情绪：流失的爱容易诱发大宝嫉妒心理

自己的家庭中心地位受到威胁，但是他又理所当然地认为自己应该喜欢二宝，为此，他在和二宝亲近的时候，心中总是情不自禁地涌出各种复杂的情绪，也会做出失去分寸的举动。当然，这种情绪并不止于这种异常的热情，随着时间的流逝，大宝的心理状态也会发生微妙的改变。有的时候，大宝出现行为倒退的现象，有的时候，大宝会变得性格暴躁，经常无缘无故地哭泣；有的时候，大宝还会对家人无缘无故地发脾气。总而言之，大宝改变的状态一定会衍生出更加明显的行为表现。

父母发现大宝过度热情时，一定要引起足够的警惕。过度热情地对待二宝，意味着大宝对待二宝时有着复杂的心情。他们既爱二宝，又无法抑制自己对二宝嫉妒的感情，所以才会表现出这样复杂的行为。当然，父母也不要因此而如临大敌，更不要当即批评大宝。毕竟，对于大宝来说，二宝的出现给他的生活带来了很大的改变，大宝需要一定的时间去适应。明智的父母会循序渐进、不知不觉地引导大宝，从而让大宝以正确的方式表达爱心，与此同时，父母还可以帮助大宝与二宝建立友好的关系和深厚的感情，这样一来，大宝对二宝过度热情的举动就会渐渐好转。

在发现大宝对二宝过度热情的时候，父母一定不要当即喝止大宝，更不要给大宝贴上故意伤害二宝的标签，否则，大宝的过度热情行为就会越来越严重，他甚至会堂而皇之地做出伤害二宝的事情。在这种情况下，父母要做好大宝的情绪安抚工作，可以告诉大宝父母一直都非常爱他，也可以邀请大宝和父母一起照顾二宝。总而言之，只有父母满足大宝对于爱和安全感的需求，大宝才能真正发自内心地接受二宝，对二宝过度热情的行为表现才会有所好转。最终，大宝和二宝会建立彼此依存的手足关系，这正是父母所愿意看到的。

家庭和谐，才能消除嫉妒

当大宝的嫉妒心变得异常强烈的时候，父母除了要从大宝身上寻找原因之外，更要对自身进行反思，也要看看家庭环境中是否有不利因素诱发了大宝的嫉妒心理。实际上，心理学家经过研究发现，在那些幸福和睦的家庭里，孩子的嫉妒心没有那么强；反之，如果家庭生活总是波澜起伏，那么孩子的嫉妒心就会比较强烈。尤其是父母的关系非常差或者对孩子采取了错误的家庭教育方式，都会使孩子产生混乱的认知，也会让孩子对于家庭的规则无所适从。在很多家庭里，父母在教育孩子方面总是产生各种分歧，他们又从来不忌讳当着孩子的面去讨论这种分歧，这直接导致孩子在家庭教育之中失去标准。这样一来，孩子听妈妈的也不是，听爸爸的也不是，有一些比较机灵的孩子就会钻爸爸妈妈分歧的空子，乃至对自己的行为过于放松甚至放纵。

对于孩子来说，家庭不但是他们生存的环境，也是他们的功能系统。孩子在家庭中得到基本的生理需求满足，而且循序渐进地形成自己的性格品质、思想观念等。家庭环境绝不仅是客观存在的环境，除了硬件条件之外，家庭环境还包括父母的学识素养，也包括父母之间相处的模式。在各种因素的相互作用之中，如果孩子的成长出现问题，那么问题绝不仅仅在孩子身上，也有可能出在父母身上。所以，在家庭生活中，父母与孩子之间一定要有更紧密的联系，也要有更及时的互动，这样，当孩子出现问题时，父母才能及时地觉察出问题的所在。

心理学家认为，原生的家庭对于孩子的影响是非常深远的。如果孩子

第 06 章
关注大宝情绪：流失的爱容易诱发大宝嫉妒心理

从小在幸福的家庭里成长，他们就会有健全的人格，对于人生也会怀着更加积极的态度。如果孩子从小在不幸的家庭里成长，总是目睹父母之间发生各种争吵，甚至是打架，那么他们的人格就可能分裂和扭曲，很难健康快乐地成长。每个新生命从呱呱坠地开始就接受父母无微不至的照顾，对于年幼的他们而言，家庭生活是他们的整个世界。从这个角度来说，家庭环境的改善，对于孩子的成长也是有很大作用的。作为父母，我们一定要竭尽全力，为孩子营造良好的家庭氛围，也要为孩子提供更好的教育。这样孩子才能够更加健康快乐，他们会尊重自己，也会满怀期望地接纳整个世界，更会充满希望地拥抱人生。

在很多家庭中，妈妈有了孩子以后总是把所有的时间和精力都用在孩子身上，尤其是在有了不止一个孩子之后，妈妈总觉得时间和精力不够用，照顾孩子就已经让她们非常疲惫，所以她们根本没有多余的时间和精力去和爸爸搞好关系、加深感情。殊不知，妈妈这么做，对于整体的家庭环境的构建并不利，因为，在健康的家庭环境中，和亲子关系相比，夫妻关系是更为重要的，它对家庭环境起到决定性的作用。这是因为，只有夫妻关系和睦的家庭，才能给孩子良好的成长环境，也只有在夫妻关系和睦的家庭里，孩子才会对婚姻产生无限的憧憬和渴望。从前有一位名人说，父亲给孩子最好的礼物就是爱他的妈妈，从本质上而言，他也是在告诉人们，对于孩子来说，家庭环境有多么重要。所以，妈妈不要因为爱孩子就忽略了爸爸，只有在与爸爸关系一直完好如初的情况下，才能够为孩子营造良好的家庭环境。

对于孩子而言，爸爸妈妈是缺一不可的。现代社会，有很多女性在职场上打拼，她们并不依靠男性提供经济条件而生存。在工作的同时，她们还要照顾家庭、教育孩子，为此身心俱疲。在这样的情况下，她们常常提出一种错误的理论——"如果我既不需要男人的钱,也不需要男人的人,我自己可以挣钱养活孩子,也可以独立教育孩子,那么,我为什么还需要一个男人呢?"其实,这样的想法是非常错误的,在整个大自然之中,阴阳都保持着平衡。通常情况下,男性代表阳刚,女性代表着阴柔,一个家庭,也同样需要阴阳平衡,孩子既可以从爸爸身上学习阳刚之气,也可以从妈妈身上学习做人的道理。这样,孩子才能得到全方面的精神滋养,才能够在成长的道路上不偏不倚,保持正确的轨道。所以妈妈一定要摆正态度,对于家庭关系有正确的认知。要牢记,夫妻关系大于亲子关系,这样才能让整个家庭处于良性运转之中。爸爸妈妈彼此相爱,孩子才会获得最大的安全感,否则,在一个爸爸妈妈始终争吵的家庭环境中,孩子一定会觉得自己的生活如同无根的浮萍一样四处漂泊。因此,妈妈一定要与爸爸相互依存,真诚对待彼此,这样才能够为孩子树立爱的榜样,才能够让孩子在爱的包围之中获得最好的成长。

除此之外,父母关系融洽,家庭氛围和谐,还可以减轻孩子的嫉妒。因为,大宝在感到嫉妒二宝的时候,往往是源于他们的感情需求没有得到满足。他们渴望得到爱与温暖、渴望自由,但是,在一个充斥着争吵、抱怨的家庭里,他们更无法满足自己的需求,为此,他们会把注意力转移到爸爸妈妈与二宝之间的关系上,会把自己感情需求的不能满足归罪于二宝的出生。这样一来,大宝对二宝自然会更加嫉妒。

要为孩子营造良好的家庭环境,父母还要做到接受孩子本来的样子。在原本只有一个孩子的情况下,父母对于大宝是纯粹的爱,因为他们没有其他的孩子作为比较,也没有意识到大宝身上有什么缺点和不足。但是,在有了二宝作比较对象之后,爸爸妈妈往往会发现二宝在某些方面比大宝更优秀,其实,这样的优秀也许是客观存在的,也许是因为二宝刚刚出生

第 06 章
关注大宝情绪：流失的爱容易诱发大宝嫉妒心理

带给了爸爸妈妈一定的新鲜感。但是，不管是什么原因导致爸爸妈妈觉得二宝更优秀，爸爸妈妈都不应该对大宝表现出不满。父母要知道，每个孩子都有他本来的样子，他们本来的样子就是他们最好的样子。即使父母心中有自己的愿望，也不应该强制改变孩子在这个世界上的面貌。

还需要注意的是，在良好的家庭氛围中，父母还要做到公平地对待两个孩子。这里所说的公平，并不是不分青红皂白、不管不顾孩子的具体情况，就给孩子完全相同的待遇。所谓的公平，指的是给孩子各自需要的对待，这样，孩子才会消除嫉妒，各自得到满足而彼此融洽相处。

举一个最简单的例子，家里有一对双胞胎姐妹，妈妈在给她们买礼物的时候，未必要买一模一样的东西，因为，也许姐姐很喜欢读书，妹妹却喜欢毛绒玩具。明智的妈妈会给姐姐选购一些经典的书籍，而会买一个毛绒玩具送给妹妹，只有这样，姐姐和妹妹的心理需求才能得到满足，她们才不会因为对方得到了什么而感到嫉妒。相反，如果妈妈整齐划一地给姐妹俩都买了书籍，那么，虽然姐姐的需求得到了满足，妹妹却因为需求没有得到满足而非常生气，也就会情不自禁地嫉妒姐姐得到了想要的礼物。妹妹还会想：爸爸妈妈买礼物的时候，为何只买姐姐喜欢的，而不买我喜欢的呢？这样一来，爸爸妈妈虽然花了同样的钱，却没有收到预期的效果，反而导致姐妹之间的关系变得更加尴尬和紧张。不得不说，这些钱花得真是不值得。

父母为孩子营造良好的家庭氛围是理所当然的，但是家庭氛围与很多因素都有密切的关系，如夫妻关系如何、亲子关系如何、家里的经济情况是否能够达到一定的自由等，这些都会影响家庭氛围的好坏。父母在营造良好家庭氛围的时候，要更多地考虑到这些因素，也要努力地协调好这些因素之间的关系，这样才能够给孩子的健康成长提供最好的保障。

性格开朗，远离嫉妒

心理学家经过研究发现，嫉妒是人的本性，通常情况下，孩子在婴儿时期就会表现出嫉妒的情绪。这与很多心理学理论提出的孩子在两岁前后才会嫉妒情绪有很大差异，也说明孩子的智力发育在婴儿时期就有很大的进步，所以他们才能产生诸如嫉妒这样复杂的情绪。

当然，心理学家是通过对很多婴儿进行比较才发现他们会在母亲关注别人的时候表现出嫉妒情绪的。对于父母而言，因为没有参照物，所以，当三个月左右的婴儿表现出嫉妒情绪的时候，他们并不能明显地觉察到孩子情绪的异常。孩子在两三岁的时候，因为自我意识的发展而表现出强烈的独立自主性，这个时候，父母才能够敏感地觉察到孩子其实是很善于嫉妒的。

二宝刚刚出生的时候，如果大宝年纪还很小，那么他对于二宝会充满好奇。随着不断地成长，当大宝进入宝宝叛逆期时，他对于二宝的好奇就会更多地转化为嫉妒，这是因为大宝会发现自己与二宝有很大不同，父母对他和二宝的态度也截然不同。在这样的比较之下，大宝嫉妒的情绪越来越强烈，他与二宝的关系也渐渐变得紧张。

从性格的角度来说，那些性格外向开朗的大宝，嫉妒情绪没有那么强烈；相比之下，那些性格内向的大宝，就会表现出很强烈的嫉妒情绪。这是为什么呢？因为，性格外向开朗的大宝，在对二宝产生嫉妒情绪之后，也许会以直截了当的方式表达出来，在此过程中，他们既可以发泄自身的情绪，也可以获得爸爸妈妈的关注，得到需求的满足；而性格内向的大宝

第06章
关注大宝情绪：流失的爱容易诱发大宝嫉妒心理

则截然不同，即使他们心中很不高兴，却又把这种压抑的情绪放在心底不断地积累和发酵，最终，当这种情绪经过发酵后再发泄出来的时候，就会变得非常强烈。从这个角度而言，性格内向的大宝更容易嫉妒二宝，而且，在大宝嫉妒情绪产生之初，爸爸妈妈并不能觉察出大宝的情绪异常。

文文是一个非常安静内向的孩子，她从小就很乖巧，很少说话，常常一个人坐在那里玩很长的时间。因此，每当向别人提起文文的时候，爸爸妈妈都骄傲地说："文文是一个很省心的孩子。"然而，自从二宝出生后，妈妈发现文文就像变了一个人。

最初得知妈妈要生二宝的消息时，文文并没有太过明显的反应，虽然觉得自己心里有一些酸溜溜的，但是她并没有把真实想法告诉妈妈，而是一声不吭地似乎默默接受了妈妈要再生一个宝宝的事实。二宝出生的时候，全家人都沉浸在迎接新生命的喜悦之中，文文依然和平时一样非常安静，保持着沉默。但是，每当她看到家里人都围绕在二宝身边时，内心就倍受煎熬。

就这样几年过去了，文文长大了，成为了一名小学生。情况依然没有改变，爸爸妈妈、爷爷奶奶都围绕着二宝转，他们对于文文的关注只表现在了解文文的学习情况方面。几年之后，文文不但非常厌恶二宝，对于妈妈爸爸也产生了憎恶的感情。这一天，是文文的生日，爸爸妈妈因为陪着二宝去医院输液，所以完全把文文的生日忘了。放学回到家里，文文既没有看到蛋糕，也没有看到礼物。她歇斯底里地喊道："我恨你们，我恨这个家，我再也不想见到你们！"说完，文文就从家里跑了出去。爸爸妈妈赶紧跟着追了出去，他们只是觉得，只是一次疏忽，就导致文文这么冲动，他们不知道这几年来文文的心中始终在积累各种负面情绪。尤其是嫉妒，更是让文文的内心发狂。文文跑到很远的地方，爸爸妈妈找了大半夜的时间才找到文文。从此，文文更不愿意说话了，几乎不与爸爸妈妈交流，进入青春叛逆期之后，文文做出了很多出格的举动，如抽烟、喝酒，和社会上的闲杂青年在一起。这让爸爸妈妈苦恼不已，但是他们对文文非常陌生，也根本不知道应该如何做通文文的思想工作。

文文为何会这样呢？这是因为，自从二宝出生之后，文文始终一个人在默默承受着嫉妒的情绪，因为性格内向，她没有及时把这种情绪发泄出来，导致这些情绪经年累月地在她心中发酵，最终变成了仇恨。不得不说，这样的结果是很让人遗憾的，而父母对于文文的疏忽，也是导致文文心结越来越重的原因。

孩子什么都不说，并不是好事情，因为，如果孩子什么也不说，父母就失去了了解孩子内心真实想法的途径。二宝的出生一定会给大宝带来情绪的冲击，哪怕父母在此之前把准备工作做得非常充分，大宝也会因待遇不同往日而感到失落。所以，在二宝出生之后，父母除了要把更多的时间和精力用在大宝身上之外，还应该多多关注大宝的情绪状态。如果大宝不愿意说，父母可以引导大宝说出真实想法，让大宝积极地与家里人沟通，也让大宝相信爸爸妈妈永远是爱他的。这样大宝才能够与爸爸妈妈保持顺畅的沟通。

从性格的角度来分析，如果大宝性格内向，则他们往往会有一定的自卑心理倾向，以致缺乏自信。在这种情况下，父母应该引导孩子建立自信，也应该通过疼爱孩子的方式让孩子感受到父母对他们的重视和尊重。很多内向的孩子因为自卑，总是看到自己的缺点，甚至把自己的缺点拿来与他人的优点进行比较，导致他们的情绪陷入更加恶性的循环之中，使他们的自卑变得越来越严重。因此，父母在关注大宝时还要积极鼓励大宝，并认可大宝在很多方面的优秀表现。当大宝渐渐建立自信时，他就愿意对父母敞开心扉，也愿意接纳二宝的到来，因为他知道也相信爸爸妈妈对他的爱从来没有改变。

父母不要有过度补偿心理

　　计划生育政策几十年来的推行，使得很多父母已经习惯了只有一个孩子的家庭模式，因此，在二孩政策放开之后，他们从自身的角度来讲就很难接受再生一个孩子的事实。虽然他们憧憬新生命的到来，但是从内心深处来说，他们觉得二宝会给大宝的生活带来很大的冲击。正是在这种思想的影响下，使得父母在决定要二宝的时候态度过于紧张。很多父母在决定要二宝时，都会紧张兮兮地对大宝说出这个决定。也有一些父母会郑重其事地征求第一个孩子的意见。实际上，若父母对于要二胎的态度过于紧张，无形中就会把这种紧张的情绪传染给大宝，使得大宝对于是否接纳二宝的到来进行过于慎重的思考，也对于二宝的到来采取如临大敌的态度。实际上，这样的态度是完全没有必要的。

　　在计划生育政策推行之前，每个家庭里可能都有不止一个孩子，因此，不管是父母还是孩子，都习惯了多子女的家庭模式，也从来没有父母在决定再生一个孩子的时候还要征求其他孩子的意见。当然，也有人说这是对于孩子权利的藐视，其实，凡事皆有度，过度犹不及，如果父母对于是否再生一个孩子总是非常紧张，就会导致孩子也变得很紧张。所以，父母针对是否生二宝的问题征求大宝的意见时，应该尽量以平实的语气和温和的态度来阐述，这样孩子才会以平常心对待二宝的到来，而不会做出过多的考虑和过激的举动。

实际上，父母是否要征求孩子意见再决定要二宝，很多人对此持有不同的态度，有人觉得一定要征求孩子的意见，有人觉得无须告诉孩子这件事情，其实这两种做法都有极端的地方。孩子作为家庭的成员，是有知情权的，毕竟二宝的出生对于大宝的生活会有很大的影响和改变，所以爸爸妈妈理应告诉孩子这件事情，但是爸爸妈妈也不必为此对第一个孩子心存内疚。从权利的主体角度来说，爸爸妈妈是否决定多要一个孩子，完全是自己的事情，因为孩子生下来是由爸爸妈妈负责养育。所以爸爸妈妈不要因为二宝的到来就觉得亏欠大宝很多，而应该意识到因为二宝的到来，大宝会得到珍贵的手足之情，他们的人生也会得到更长久的手足陪伴，这无疑是爸妈给大宝的最珍贵的礼物，他们有何理由拒绝呢？

补偿心理的产生会让爸爸妈妈对于大宝的态度发生本质的改变，原本爸爸妈妈对大宝的感情是非常真实自然的，也可以做到从容地面对大宝，但是，在补偿心理的作用下，爸爸妈妈总觉得亏欠大宝，以致对大宝无限度地纵容，使得大宝在成长过程中误入歧途。毕竟，当爸爸妈妈的教育行为出现偏差的时候，孩子在成长过程中也难免会陷入各种误区。在二孩家庭里，爸爸妈妈的补偿心理最明显的表现，是他们一边全力以赴地照顾二宝，一边对大宝心怀愧疚。当他们花时间陪伴二宝的时候，往往会因为不能同样陪伴大宝而不安。在这种情况下，爸爸妈妈还如何能够以从容的心态对待大宝呢？

在四十岁高龄时，妈妈怀了二宝，因为怀二宝之后反应很强烈，所以，妈妈和爸爸商议之后，决定把大宝送到爷爷奶奶家里暂住一段时间。在长达半年的时间里，大宝都住在爷爷奶奶家，在此期间，妈妈经历了孕晚期、生产、坐月子这些重要的阶段。直到半年后，二宝满百天了，爸爸才把大宝从爷爷奶奶家接过来。看到大宝对自己表现出陌生和疏远的样

第 06 章
关注大宝情绪：流失的爱容易诱发大宝嫉妒心理

子，妈妈觉得非常心痛，她甚至懊悔——自己为何要怀二宝，以至于与大宝产生隔阂呢？

妈妈开始大肆补偿大宝，大宝喜欢什么玩具，妈妈就给她买；大宝想吃什么，妈妈也不问价钱就让大宝吃个够；大宝想做什么事情，妈妈更是从来不阻拦。渐渐地，大宝变得越来越骄纵任性，她知道自己的所有需求都会得到满足，对此，她非但没有感恩妈妈爸爸的付出，反而变本加厉，提出更过分的要求。渐渐地，爸爸意识到大宝的异常，因而提醒妈妈不要总是这样对大宝言听计从。妈妈生气地说："为了生个儿子，你非要二孩，还把女儿送到爷爷奶奶家里住了半年，导致女儿现在跟我都不亲了。我当时根本都不想再生二宝，一直都是你在坚持，现在我一定要弥补女儿。"在妈妈这种心态的影响下，大宝越来越骄纵任性。进入青春期之后，她每天都会向妈妈要钱，还和社会上的不良青年等在一起厮混，最终不但没有考上重点高中，还因为涉嫌偷窃而被关进了少教所。

补偿心理对妈妈的影响是非常可怕的，原本妈妈可以正常地教育和引导大宝健康成长，就是因为她对大宝产生了过度补偿心理，所以导致对大宝疏于管教，总是无限度地满足大宝的一切需求，使得大宝的欲望越来越填不满，也使得大宝在成长的过程中误入歧途。

生活中，很多父母虽然没有因为二宝的到来就把大宝送到老家去生活，但是他们常常因为不能抽出更多的时间陪伴大宝而对大宝心怀愧疚。实际上，现代社会，每个家庭环境也越来越好，孩子生存的条件都有了极大的提升，所以爸爸妈妈完全无须觉得愧疚，二宝的到来虽然让爸爸妈妈的时间和精力被分散，他们不能像以前一样全心全意地陪伴大宝，但是手足的感情同样是给大宝最好的礼物。换一个角度来说，大宝在成长的道路上不可能永远得到爸爸妈妈的庇护，也不可能满足自己的所有心愿，所

107

以，现在学会与二宝相处，学会在人际关系中寻求让步，正是大宝的一种成长。

珍惜与大宝的二人世界

大宝之所以嫉妒二宝，就是因为他们觉得妈妈把更多的时间都用在陪伴二宝身上，很少再像以前那样全心全意地陪伴自己。有的时候，大宝会用心地观察妈妈与二宝之间亲密的互动，他们幼稚的心灵在暗暗地想：我什么时候才能得到妈妈全心全意的爱呢？看到妈妈在二宝身上投入太多的心力，大宝也常常觉得妈妈偏心，所以觉得很失落。要想让大宝消除对二宝的嫉妒，妈妈一定要在照顾二宝的同时抽出更多的时间来陪伴大宝，也要全身心投入地去爱大宝。这样才能够让大宝感受到妈妈的爱，才能避免大宝因为失落而嫉妒二宝。

新生命的到来，让妈妈变得非常忙碌，她每天都在照顾刚出生的二宝，因为二宝是那么娇嫩，生命力是那么柔弱。但是即便如此，妈妈也不要忽略大宝的存在，更要忙里偷闲地抽出时间来表示对大宝的关心。有的时候，为了有更多的时间陪伴大宝，妈妈甚至不得不牺牲睡眠的时间与大宝进行亲密互动。对于妈妈而言，这的确是非常辛苦的，而对于大宝而言，这却是不可或缺的，所以，明智的妈妈即使已经身心疲惫，也会强打起精神来与大宝相处。当妈妈让大宝相信父母对他的爱从来没有改变，也让大宝确信自己在妈妈心目中是永远无法取代的重要存在时，大宝的嫉妒情绪就会渐渐消除。这样一来，他们就能在妈妈的爱之中更加健康快乐地成长。很多妈妈在生了二宝之后，会把养育大宝的责任交给老人，殊不

第 06 章
关注大宝情绪：流失的爱容易诱发大宝嫉妒心理

知，这样会给大宝形成一个错误的认知：二宝的出生让我失去了父母的爱。不得不说，这样的感觉对大宝而言是极其糟糕的。

大宝处于幼儿时期的时候，他们的心智发育不够成熟，内心对于很多事情都无法做到理性分析，所以他们希望得到妈妈生动而又具体的爱，需要在妈妈无微不至的照顾中找到安全感。例如，大宝正在上幼儿园，那么妈妈在坐月子满月之后可以亲自接送大宝，因为二宝还小，所以妈妈可以把二宝交给老人或者保姆暂时看管。妈妈亲自接送大宝，能够让大宝感受到妈妈切实的爱，也可以让妈妈与大宝的关系更加亲近。相较之下，妈妈无须每时每刻都陪伴尚在襁褓之中的二宝，而应抽出更多的时间力所能及地陪伴大宝。这样一来，虽然大宝不会说什么，但是他的心里一定能够感觉到，在妈妈的心里，他永远排在第一位，这会让大宝产生安全感，也会让大宝与妈妈的关系保持亲密。

在二宝出生之后，妈妈应该努力保持大宝此前的生活规律和节奏。例如，在二宝没有出生之前，大宝每天都会去公园里玩，也会在晚上的时候和妈妈一起洗澡。那么，即使在二宝出生之后，妈妈也不要突然终止这些活动，否则会让大宝感到无所适从。既然二宝的出生给大宝的生活带来了很大的改变，那么妈妈就要尽量让大宝的生活维持此前的规律和节奏，这样会让大宝感到非常安全。

需要注意的是，很多妈妈会把二宝和大宝一起带在身边，殊不知这样的分享并不是大宝一直喜欢的。有的时候，大宝也许会喜欢和二宝一起出门，和二宝玩耍，但是，更多的时候，大宝希望回到他和妈妈亲密无间的二人世界。在这种情况下，妈妈就要留出专门的时间来陪伴大宝，或者专门陪伴大宝去公园里，或者陪伴大宝看一场电影，也可以在夜晚到来的时候和大宝静静地躺在床上，抚摸着大宝的头，让大宝安然地入睡。当大宝的感情需求得到满足时,他就会知道妈妈在陪伴他之余也要照顾新生的二宝,也就不会对二宝那么嫉妒。

妈妈一定要知道,哪怕二宝需要妈妈付出很多时间和精力,妈妈也必须留出专门的时间给大宝。因为在这样的专属时间里,大宝会觉得自己保持了自己在妈妈心目中的重要地位,也会切身体验到妈妈浓重的爱。这样一来,大宝的心里才会充满安全感。要知道,所谓陪伴,就是全心全意地在专门的时间里与大宝单独在一起,放下其他一切的琐事。妈妈可以和大宝一起做他喜欢的事情,如看他爱看的绘本,也可以和大宝一起做饭,或者是去参加游戏。总而言之,在只有两个人的世界里,大宝和妈妈的心会非常贴近,大宝也会在妈妈的爱中重新找回安全感。

也有一些妈妈并不是全职家庭主妇,她们在生育二宝之后就要回到职场上继续为了事业打拼,为实现自身的价值不断努力。对于这样的妈妈来说,她们可以留给孩子的时间会更少。每个家庭都有每个家庭的情况,然而,不要因为不能抽出大段的时间专门陪伴大宝而感到愧疚。要知道,每个孩子都出生在不同的家庭里,父母的情况和整个家庭的氛围就是他们需要适应和生存的环境,妈妈只要始终心系大宝,并全心全意地关注他,就已经做得非常优秀了。当对大宝的关心从心底油然而生的时候,妈妈自然会珍惜与大宝的二人世界。

第07章

亲密关系构建：玩儿出来的深厚感情

兄弟姐妹就像一根藤上长出来的瓜，有的时候会胡乱地缠绕在一起，而他们却无法扯断这样的亲情联系。所以，在不止一个孩子的家庭里，父母一定要适应这种情况，那就是前一刻孩子们还玩得高高兴兴，后一刻也许就因为不知什么原因打得不可开交；再到下一刻，父母对他们的教育之声还没有散尽，他们又痛痛快快地玩在一起了。面对这样的情况，父母总是觉得无可奈何，也不知道应该怎么对待他们。实际上，对于孩子而言，这是非常正常的现象，父母要适应这种看着孩子嬉笑打闹的生活，这样才能够真正感受到养育不止一个孩子的乐趣。

兄弟姐妹之间要相亲相爱

从物理学的角度而言,三角形是最稳定的。然而,在家庭生活里并非如此。当三口之家里加入了一个二宝,变成四口之家时,在四边形的关系之中,两个孩子之间应该是怎样的关系,又会拥有怎样的感情呢?毋庸置疑,手足亲情是血浓于水的感情,是无法消散的,所以兄弟姐妹之间一定会相互爱护,彼此在一起高兴地玩耍。

除了天生的感情之外,二宝在年幼的阶段一定会非常崇拜大宝,他们不但模仿大宝的一言一行,也希望与大宝建立更亲密的关系。在很长一段时间里,在二宝心目中,大宝就像是他们人生的标杆,始终在指引着他们不断地努力前进。当二宝模仿大宝有困难时,大宝也会有意识地降低言行举止的难度,从而给二宝以可模仿的对象。在这样的过程中,大宝的成长速度会明显减慢,但是,对于父母来说,这是完全无须担忧的。因为,当家里只有一个孩子的时候,父母难免会对孩子产生过高的期望,也会希望孩子能够超出他们的预期去发展。而实际上,孩子的成长从来不是一蹴而就的,父母一定要尊重孩子成长的节奏。老二的存在,恰恰提醒父母孩子的成长有自身的规律,让父母不要过于着急,也让父母更加理性地面对孩子。

关于大宝与二宝的关系,最理想的是二宝能够尊重和崇拜老大,大宝也能够主动地爱护二宝,这样的兄友弟恭、姐亲妹敬的情形,正是父母所期望看到的。然而,对于大宝和二宝的相处,父母也无须过多介入,因为孩子们天然地就有一种能力,他们可以找到最合适的模式与对方相处,也

第 07 章
亲密关系构建：玩儿出来的深厚感情

可以找到最顺畅的沟通途径去表达自己的思想、了解对方的内心。所以，不管两个孩子在一起是相亲相爱还是嬉笑打闹，对他们来说都是最好的相处方式，即使他们之间偶尔会因为某些问题无法妥协而发生激烈的争吵，那也是他们在成长道路上必经的过程。记住，只有相互扶持才能够成就真正的兄弟姐妹情谊，所以，在非必要情况下，父母最好不要介入大宝和二宝的交往。

通常情况下，对于让大宝在生活上照顾二宝，大宝并不排斥。但是，随着不断成长，大宝会有自己的人际圈子，如果二宝总是像小尾巴一样跟着大宝，大宝难免会感到心烦。很多父母都会发现，那就是小孩子愿意和大孩子玩，但是大孩子并不愿意带着小孩子玩。在这种情况下，父母要引导大宝多多发现二宝的优点，也可以让大宝以自己的方式带着二宝一起玩。其实，对于二宝来说，大宝的成长比他更早，所以大宝为人处世的方式也比他更为成熟，这恰恰可以促进和引导二宝的成长。

不可否认的是，每个孩子都希望得到父母更多的爱，因此，父母帮助他们形成分享意识、养成分享的习惯，是很重要的。父母与其一味地说教孩子，要孩子学会分享，还不如在游戏的过程中引导孩子，告诉孩子只有分享才能获得更多的乐趣。从心理学的角度来说，孩子们必须要先满足自身的需求，然后才能够乐于分享，所以，如果在没有满足他们自身需求的基础上就要求分享，无疑是违背他们天性的。在游戏的过程中，父母要帮助孩子获得更多的快乐，这样才能够让孩子感受到分享的乐趣，感受到分享的妙处。

在游戏的过程中，孩子也能学会彼此接纳。前文说过，在二宝出生之后，老大会出现行为退步的情况，表现出不符合年龄的幼稚行为。这对于大宝来说，并不是一件糟糕的事情，如果大宝有这样的表现，父母不妨去满足大宝的需求。总而言之，有很多游戏都可以帮助两个孩子建立亲密无间的关系，也可以引导他们进行密切的合作，让他们一起去完成艰巨的任务。而既然是游戏，父母就要积极地参与其中，从而在此过程中与孩子建立更加紧密的感情。所以，就任由孩子这样嬉戏打闹吧，他们最终会在渐渐成长的过程中成为彼此生命中不可或缺的那个人。

让大宝二宝一起成长

很多妈妈怀上二宝后，在临近预产期的时候，因为家庭里的人手不足，往往会选择把大宝送到爷爷奶奶或者姥姥姥爷家。有的时候，即使妈妈已经生完二宝，也因为无法照顾两个孩子而继续把大宝放在爷爷奶奶家里生活。不得不说，这对于大宝的成长是极其不利的。原本大宝就对二宝的出生就有情绪，现在，因为二宝的出生，大宝又被"驱逐"出家庭，他们难以避免地会认为是二宝的出生导致了他们无法继续留在爸爸妈妈身边生活，所以他们会更加厌恶二宝。

很多父母也许会说，真的没有办法一起照顾两个孩子，又要工作，又要照顾新生儿，根本没有那么多时间和精力。有些父母考虑到经济压力，甚至把孩子送到农村的老家去生活。实际上，父母都弄错了一个问题，父母辛苦挣钱是为什么？不就是为了给孩子创造更好的生存条件吗？如果为了省钱而把孩子送到远离父母身边的农村去生活，等到孩子上学的时候再接回身边，那么无疑就错过了对孩子最重要的0~3岁或者3~6岁的成长期。从感情的角度来讲，在父母身边成长的孩子与父母的感情会更加深厚，而不在父母身边成长的孩子与父母的感情必然很生疏，所以，等到父母终于腾出空来把大宝从老家接回来的时候，父母与孩子之间会变得很疏远，大宝与二宝之间也会感情淡漠。这是非常糟糕的家庭氛围。也有的父母会把孩子送到自己的兄弟姐妹家去养育，而让孩子称呼自己为叔叔阿姨等，这样的做法除了考虑经济因素之外，也许是因为当时二孩政策没有放开，是为了再多生一个孩子而做出的无奈之举。然而这种举动真的非常糟糕，即使后来把孩子接到身边，孩子也依然无法改变对他们的称呼，与此同时，孩子心里对父母也会非常疏远和态度冷漠。

即便孩子还小，他们的感觉也是非常敏锐的。不管把孩子送到哪里，如果没有让他们和兄弟姐妹一样享受同样的成长环境，他们就会愤愤不平：为什么要把我送走，而把他们留在家里长大呢？这样的不公平，会让孩子疏远父母，更会导致孩子与兄弟姐妹之间的感情非常淡漠，有些孩子甚至会把对父母的怨恨转嫁到兄弟姐妹身上，因为他们觉得是兄弟姐妹的存在剥夺了他们在家庭里生活的权利。

养育几个孩子的父母，最大的心愿就是家庭和睦，兄弟姐妹手足情深，然而，一旦把大宝和二宝分开养育，一定会导致亲子感情疏远，手足关系淡漠。此外，父母在把孩子送出家庭去生活之后，他们的心中对于这个孩子一定怀有深深的愧疚，因此，在把孩子接到身边之后，他们会刻意弥补这个曾经离开家庭的孩子。这样一来，那个已经习惯了在家里成长、独享家里所有资源的孩子，对于父母明显的偏爱会感到非常不满，甚至会把对父母的不满转移到这个回归的兄弟姐妹身上。这样一来，可想而知，手足关系会有多么糟糕和恶劣。

作为父母，我们一定要想方设法地把两个孩子都留在身边抚养，或者，即使真的出于无奈而被迫把两个孩子之中的一个送出家庭去成长，当到了团聚的日子时，父母也不要带着补偿的心理对待回归的孩子，也不要带着偏爱的心理去照顾一直在身边的孩子，而是应该让两个孩子顺应天性地在一起相处，不管是玩耍还是打闹，他们都会找到属于自己的相处方式。有的时候，父母也可以参与到这样的过程之中，积极地投入游戏，从而与孩子更好地交往。

记住，把两个孩子分开是非常糟糕的下下策，不但不利于两个孩子之间培养感情，也背离了生育二孩的意义。很多父母之所以生育二孩，除了考虑到未来的压力分担问题之外，更是希望两个孩子能够在成长的过程中相依相伴，给予彼此最好的照顾，成为彼此最长情的陪伴。然而，如果他们之间在童年时期不能建立深厚的感情，缺乏对彼此的依恋，那么，长大成人之后，他们就很难成为情深的手足。也许他们知道彼此是兄弟姐妹，但是他们并不愿意把对方当成自己最亲近的人，这都是童年时期的感情铺垫不到位导致的。作为父母，我们不要因为一时的辛苦就轻易地把孩子送去别处抚养，而是要坚持自己养育孩子的初衷。换而言之，如果二宝的出生会导致父母不得不把大宝送出家庭去抚养，那么还不如不要二胎呢！既然要了二宝，就应该让大宝二宝在一起成长，让一家四口幸福快乐地生活在一起！

给孩子玩耍的空间和自由

在两个孩子一起做游戏的时候，父母一定不要随便干涉他们。不可否认的是，因为还处于不成熟的身心发展阶段，孩子的情绪很容易冲动，而且常常因为做游戏而发生争执。在这种情况下，父母最好静观其变，给孩子们一定的时间和自由，让他们自己去解决问题。要知道，孩子们有一种天然的本能，那就是彼此协商、作出适当的让步，从而找到最适合彼此的相处模式。

对于纷争，父母理应采取不介入的态度。当孩子们在游戏之中陷入困境，或者觉得他们玩的游戏没有意思的时候，父母可以帮助孩子开拓新的游戏，这样一来，就可以引导孩子更加投入地玩耍，也可以让孩子在一起建立更深的关系。当然，这个游戏应该是能够激发起孩子兴趣的，而且能够吸引孩子参与，否则，如果孩子对这个游戏兴致索然，他们就不愿意接受这个游戏。当孩子全盘接纳这个游戏，并且很乐于玩游戏之后，父母则应该从台前退居幕后，给孩子们玩耍的空间和自由。

父母会发现，孩子们在玩游戏的过程中，很快就能找到专属于自己的游戏方式。在玩游戏的时候，孩子不希望父母参与和介入，也不希望父母过多地提出建议。他们完全处于属于自己的世界里，不愿有任何外部的因素干扰。例如，很多孩子都喜欢玩乐高的游戏，一个孩子玩乐高，未免觉得有些兴趣索然；如果家里有不止一个孩子，那么，两个孩子在一起玩乐高，就会显得兴致盎然。他们的思想不停地碰撞和交融，用简单的玩具拼搭出各种各样新鲜的形式。在这种情况下，父母一定不要随随便便打扰孩子们的游戏，一则孩子正处于发展专注力的关键时期，二则孩子对游戏有自己独特的想法，父母过多的建议会打乱孩子的节奏。

从心理学的角度来说，父母之所以不要参与孩子的游戏，是因为父母的参与一定会带着主观的色彩，有的时候会对孩子起到误导的作用。所以，父母最好在孩子玩得兴致盎然时避免参与。有些父母总觉得自己非常聪明，看到孩子没有把玩具玩出他们所期望的程度，他们就会迫不及待地插手，或者对孩子指手画脚，不得不说，这些父母好为人师的本性实在太强了。实际上，对于孩子而言，他们并不是任何时候都很需要一个老师，他们更需要的是一个与他们一起玩耍的玩伴，这样他们才能够在思想与灵魂的交融碰撞中迸发出新的火花。所以，对于父母来说，最难的就是控制自己去干涉的欲望。因为大多数父母已经习惯了在孩子的成长过程中过度参与，提出各种并不符合孩子身心发展规律的建议。

要知道，对于孩子来说，游戏的过程就是学习的过程，不管是从事一个难度比较大的游戏，还是从事一个简单轻松的游戏，孩子们在成长过程中总会作出各种各样的选择。有的孩子在游戏方面会表现出非常强大的与人合作的天赋，有的孩子在游戏中不知道如何与他人相处、合作，因而只能提升自己的力量。在这种情况下，父母可以给那些不知道如何参与游戏的孩子进行示范，但只是一个简单的示范过程，在完成这个过程之后，父母就应该及时地退出孩子之间的游戏，从而让孩子发挥自己的天性，有所领悟地去创造更好的游戏形式。

当然，在用游戏来引导孩子时，最重要的在于选择合适的游戏。不同的游戏有不同的侧重点，且适合不同年龄阶段的孩子。父母要选择适合两个孩子一起玩耍的游戏，而且要根据两个孩子所属的身心发展阶段给孩子选择游戏的空间，这样孩子才能在游戏过程中加深彼此之间的关系，并增进相互的感情。

选择游戏的时候，既不要过于低估孩子的智力发展水平和合作能力，也不要过于高估孩子的智力发展水平和合作能力，只有选择最适合孩子智力发展水平的游戏，才能够激发出孩子的潜力，让孩子在成长过程中有更好的表现。

第07章
亲密关系构建：玩儿出来的深厚感情

从游戏中领悟人生的道理

现代社会，有很多父母都忙于工作，他们为了挣更多的钱，给孩子创造更好的生活条件，而把所有的时间和精力都用于工作。殊不知，对于孩子而言，最宝贵的不是那些昂贵的益智玩具，也不是父母拿回家的钱，而是能够在父母的陪伴下健康快乐地成长。

在这种情况下，父母应该准备一些可以全家人一起玩的游戏，这样一来，可以让孩子在游戏的过程中学会与更多的人交流，也可以让孩子在游戏的过程中学会把自己的力量融入集体的力量之中，从而和大家齐心协力地解决问题。对于孩子来说，他们不但在小时候很需要这样的合作精神，随着渐渐成长，他们依然需要这样的精神作为人生的指导。在众多的游戏中，有的游戏必须经过长久的付出和努力才能得到最终的结果，而有的游戏只需要短暂的时间就会有所成就。根据游戏的不同方式，孩子必须决定自己是细水长流发挥出韧性，还是当机立断发挥出爆发力。要想作出正确的选择和决断，孩子就必须判断游戏的情况，从而随机应变地作出正确的选择。

在游戏的过程中，父母既要激发出孩子渴求胜出的心理，也要避免孩子把输赢看得太重要。不可否认，人的本能之一就是争先争赢，每个人都希望在游戏中能够占据优势，也希望能够成为最终的赢家。然而，如果孩子过分在乎输赢，那么，一旦面临失败的局面，他们就会觉得受到了挫折，这对于孩子的成长来说显然是很不利的。很多父母都发现孩子在性格方面有这样的弱点，所以他们会通过游戏的方式来循序渐进、潜移默化地引导孩子，如果孩子们能够在此过程中调整心态，则对他们未来的成长会有很多益处。

在玩游戏的过程中，父母还可以引导孩子们建立规则意识，学会遵守规则。对于很多规则的建立，孩子们并不积极主动，这是因为人的天性就是崇尚自由，每个人都希望按照自己的想法和天性去生活，而不愿意受到条条框框的约束。在这种情况下，父母更要鼓励孩子接受规则，让孩子在遵守规则的过程中得到公平的对待。对于游戏的结果，当孩子们学会赢了之后不得意扬扬，输了之后也不颓废沮丧时，就意味着孩子们已经获得了成长，也获得了长足的进步。

所以说，玩游戏并不是简单地玩游戏，而是对孩子开展的人生课程之一，因为游戏是孩子最喜欢的项目，所以，如果父母能够寓教于乐，把人生的各种观点融入游戏的过程中灌输给孩子，让孩子在玩耍之中受到潜移默化的影响，形成各种优秀的品质和观点，那么，对于孩子的成长而言显然是非常有益的。

在很多独生子女家庭里，都会存在孩子特别自私、不喜欢分享的情况。父母不要过分要求孩子分享，更不要对孩子提出苛刻的标准，而是应该引导孩子乐于分享。当孩子感受到分享的喜悦，因为分享而获得了更多的快乐，甚至得到成功的时候，他们自然会主动与人分享。

在很多二孩家庭里，父母不管购买什么食物或者是玩具，都会平等地购买两份分给两个孩子。实际上，这看似公平的举动，却剥夺了孩子之间协商解决问题的机会。在日本，有一个妈妈每次给孩子买冰激凌的时候，都只给两个孩子买一份冰激凌。一开始，孩子当然也会因为冰激凌而哭叫打闹，后来随着次数增多，孩子们渐渐意识到，他们最终可以友好地分享一个冰激凌，而且能够保持平和的心态。

第07章
亲密关系构建：玩儿出来的深厚感情

孩子的潜能是无限的，他们并不像父母所想的那么软弱，也不像父母所想的那样欠缺能力，只要父母对孩子进行了有意识的引导，孩子终究可以成长得更加快速。尤其是当两个孩子在一起朝夕相处的时候，虽然年纪相差几岁，但在相互影响和作用，他们会在成长的过程中携手并肩、勇敢前进。

以轮流玩耍的方式做到民主

建立一个民主和谐的家庭，对父母来说，无疑是最高的理想，因为，在民主和谐的家庭里，孩子不会因为父母的威严而压抑内心的想法，也不会因此而变得性格怯懦。为此，很多父母都为了建立这种家庭而不懈地努力。在两个孩子的家庭里，如何才能做到民主呢？显而易见，和独生子女家庭做到民主只需要构建父母与子女之间平等的关系相比，在两个孩子的家庭里，做到民主则意味着在亲子关系民主之外，还要有手足关系民主，又因为手足关系民主的主体是两个少不更事的孩子，所以民主家庭的建立就显得更加困难。

可以说，在有两个孩子的家庭里建立民主的家庭氛围，在以父母的民主思想为基础的情况下，最重要的是让两个孩子学会和谐相处，平等地对待对方。很多二孩家庭的父母都意识到孩子们在一起总会因为玩具等各种问题而发生争吵，与其让他们不断吵闹，不如帮助他们找到一个玩耍的规则，那就是轮流玩耍。当孩子们习惯轮流玩玩具时，他们就会更和谐地相处。

在二孩家庭里，轮流秩序是很重要的，所谓轮流，就是交替，有顺序地交替进行，这样彼此才能享受相对的公平。当然，要想做到轮流，就意味着在一个人玩耍的时候另外一个人必须耐心地等待，也意味着最先占有食物或者玩具的那一个人必须学会与对方分享，或者和对方一起共同享受某种利益，如分享美食或者玩具。这就意味着他们必须学会在短时期内放弃对某个物品的占有，这样才能够提升自己的思想境界，才能够在退让的过程中友好地对待对方。不得不说，轮流两个字虽然简单，其背后隐藏的深层次心理，却是非常复杂和全面的。

在父母心中，轮流一定要是非常公平的，因为这意味着每个孩子都要学会等待，在另外一个孩子玩耍的时候，先暂时放弃玩耍的权利。从机会的角度来说，每个孩子都有同样的机会，但是，对于孩子而言，事实并非如此。正因为这样，即便父母提倡轮流制度，孩子之间依然会发生各种矛盾和争执。例如，有一个孩子不愿意等待，他想一直占有某个东西。再如，有一个孩子不想与另外一个孩子分享他的玩具，轮到他玩某个东西之后，他就想把这个东西彻底地据为己有，而不想与对方一起享受。这样一来，两个孩子之间必然产生矛盾。如何让孩子建立轮流的意识，遵守轮流的规则，对父母来说是一个很大的难题。另外，因为两个孩子的脾气秉性不同，他们对于轮流的理解和执行程度也不一样，所以他们在真正执行轮流的过程中会有各种各样的表现。

通常情况下，大宝是愿意轮流的，但是，如果二宝正处于宝宝叛逆期，他们会不由分说地就把一些东西据为己有，而丝毫不愿意再次交出来。对于更加愿意遵守规则的大宝来说，轮流恰恰可以使他们获得玩耍某个玩具或者是品尝某个食物的机会，他们当然愿意这么去做。但是，对于霸道任性的二宝来说，轮流会使他们在短时间内失去对某些东西的控制权，这使他们感到非常焦虑。二宝并不想这么去做，而只想成功地占有自己想要的东西,为此,二宝很有可能自顾自地玩耍,而对于轮流的规则置若罔闻。在这种情况下,父母一定要坚持原则,要求二宝必须坚持轮流的次序。也许这种看似强制的方法有失民主的初衷,但实际上,这能够让二宝最终理解轮流的概念,并且在轮流的过程中渐渐地形成轮流的意识,遵守轮流的规则。

有的时候,二宝也会感到非常困惑。例如,当他去肯德基或者麦当劳的儿童乐园时,他会发现,虽然他把从家里学来的道理告诉其他小朋友,并要求其他小朋友同样遵守轮流规则,但是小朋友们都对他的话置若罔闻。有些小朋友依然会拥挤着玩滑梯,以致二宝感到非常恼怒。这样一来,他对于轮流的概念又会感到非常困惑:为何爸爸妈妈口中关于轮流玩玩具的说法,在这里就行不通了呢?没关系,随着不断成长,二宝最终会意识到,一个规则只有在所有成员都认可的情况下才会达到最佳的效果,如果大家都不认可这个规则,那么规则也就形同虚设。当然,在此情况下,父母要及时向二宝强调在家里必须遵守轮流的规则,这样,二宝才会继续坚定不移地成为轮流规则的执行者。

在二孩家庭里,真正的民主制的建立,是从让孩子接受轮流的观念,并能够主动遵守轮流的规则开始的。在此过程中,父母一定要起到重要的作用,为了给孩子作最好的示范,父母也要遵守轮流的规则,这样才能够让孩子意识到他是必须遵守规则的。

要注意的是,在轮流制度开始执行的家庭里,父母不要再给孩子把所有的东西都一样两份地准备好,因为供应充足的情况不利于孩子形成轮流的好习惯。虽然充分的供应能够有效减少孩子之间的矛盾和纷争,但是,对于二孩家庭来说,孩子之间的争吵和矛盾的解决应该是生活的常态。如果父母总是把什么东西都给孩子们一分为二地准备好,那么孩子就无法在彼此相处的过程中学会去理性地协商和解决问题，他们更不会把自己心爱的东西拿出来与对方分享。有的时候，父母即使购买了双份的东西，也依然无法避免孩子之间发生争夺的情况，因为有些孩子的占有欲是非常强的，他们不但要拥有自己的东西，还想要拥有他人的东西，所以他们依然会在拥有自己的东西之后试图霸占别人的东西。这样的态度，必须在协商解决问题、建立轮流和分享制度的基础之上才能够获得改变，而不是充足供应所能解决的。

在帮助孩子建立轮流习惯的过程中，父母在最初要帮助孩子们弄清楚轮流是什么，当孩子们对轮流有了正确的概念后，父母就不要过分干预孩子之间协商的过程。有些东西，属于妹妹的就是属于妹妹的，属于哥哥的就是属于哥哥的，而妹妹和哥哥要想交换玩玩具，他们就必须彼此协商，而不能够让父母作为裁判官来解决问题。父母要知道，随着不断成长，孩子总有一天要离开家门去开始自己的生活，没有人会充当他们公平的裁判官，尤其是在残酷的社会生活中，他们更要理性地与他人相处，也要找到合适的方式解决与他人之间的问题。从小就奠定良好人际交往基础的孩子，未来才能够在人际关系之中有更好的表现。

给孩子一定的私密空间和独处时间

现代社会，尤其是在大城市之中，房价越来越高。在高昂的房价面前，很多原本有生二孩想法的人，也都不由得望而却步，因为生了孩子后总要让他有地方住、有地方玩耍，才算是对孩子负责任。如果孩子生下来只能住在客厅里，那么这对于孩子的成长是很不利的。很多二孩家庭里由

第07章
亲密关系构建：玩儿出来的深厚感情

于家中缺少一个卧室，爸爸妈妈会决定让两个孩子共享一个房间。从孩子身心发展的角度来说，当然是每个孩子都有独立的房间会更好，但是，从现实的角度来说，如果真的没有办法解决问题，那么只能让孩子们共享一个房间。孩子们所处的物理空间变得越来越小，他们的关系就会变得越来越亲密。与此同时，他们之间的竞争也会更加激烈，因为这意味着他们需要分享的东西会更多。例如，有些孩子会睡在同一张床上，这常常会导致孩子之间划分"三八线"。对于这种霸占地盘的行为，父母未免会觉得好笑，而实际上，对孩子来说，这样的反应是很正常的，也完全符合他们的身心发展特点。作为父母，在有能力的情况下，我们最好给每个孩子都提供一个单独的房间。但是，这一点并不总是能做到，所以父母只能在遗憾之余选择向现实低头，采取妥协的办法。当然，有一点是需要注意的，就是如果两个孩子中有一个孩子处于青春期，或是两个孩子前后脚进入青春期，那么，在他们性别不同的情况下，是一定要分开住在不同房间里的。青春期的孩子正处于体内激素大量分泌的阶段，他们的情绪也因此变得很不稳定，再加上性意识的萌发和冲动，更易使他们对于异性做出不理性的行为。虽然孩子是兄弟姐妹的关系，但是也有可能产生异样的感情，因而父母一定要保持警惕，不要总是认为孩子是有血缘关系的，就放心地让兄弟姐妹住在同一个房间里，进行过于亲密的接触。

即使家里没有多余的卧室，在二宝出生之后，大宝还是需要在一段时间拥有独立的房间，这是因为，新生儿呱呱坠地之后，他们在夜里总要醒来吃奶，如果把大宝和二宝放在一个房间里，那么，二宝因为饥饿或者是其他生理问题而哭泣着醒来时，难免会影响大宝的睡眠。因此，在二宝可以独立入睡并且保持一整晚的睡眠之前，爸爸妈妈应该把二宝留在自己的卧室里。这样一来可以保证大宝的睡眠，二来也可以让父母更好地照顾二宝。当然，如果大宝的睡眠状态非常好，二宝也到了独立入睡的时候，那么父母也可以让二宝暂时单独睡一床，这样一来，二宝在夜间醒来的时候就可以练习独自入睡，而且不会影响到家里其他人的睡眠。当然，这一切都应该是在平静有序的状态下进行，父母不要带有情绪，否则会让孩子误以为他们出于什么原因而受到了惩罚。对孩子来说，这当然是很糟糕的体验。

随着不断成长，孩子会越来越强烈地想要拥有自己的私密空间。他们的私密空间也许只是暂时的，但是这对于他们恢复内心的情绪是非常有用的。当然，和拥有私密的空间相比，孩子在与兄弟姐妹共享房间的时候，与兄弟姐妹之间有更多的交流，从而做到彼此能够分享秘密，能够亲密相处，这样一来，他们的感情也更加深厚。对于孩子来说，就算是真的需要共享一个房间，他们也可以有自己放置私人物品的地方。例如，每个孩子都可以有自己的衣柜，在这个衣柜里，他们可以放置自己的私人物品而不被他人打扰。再如，如果孩子们分睡两张床，还可以给他们准备床帘进行隔离，这样一来，他们就拥有了相对的私密空间。私密空间会让孩子感到非常安全，也会让他们觉得自己是受到尊重的。

所以，对于孩子来说，并非居住的房间越大越好，他们既需要独处，也需要与手足之间亲密相处。曾经有一对兄弟在上大学之前一直共睡一张床，这让他们感到非常亲近，有的时候，他们遇到烦心的事，不愿意和父母说，却可以对彼此倾诉。和其他不共用房间的兄弟相比，他们之间的关系更加亲密，所以，即使长大成人，他们都已经各自组建了家庭，两个家庭依然会聚集在一起玩耍。

前文说过，父母不要过度参与孩子之间的关系，而应该给予孩子自由的空间去建立彼此的关系，这样孩子才能够更加顺应天性地相处和成长。

第07章
亲密关系构建：玩儿出来的深厚感情

否则，如果父母总是在孩子的关系之中指手画脚，就会给孩子的成长带来诸多不便。

在有两个孩子的家庭里，整个家庭的关系会变得复杂和微妙很多。如何使微妙的关系处于平衡的状态，是一件很有难度的事情。明智的父母会适度参与孩子的关系，也会及时地抽身而出，冷静观察孩子们的关系。对孩子而言，这当然是至关重要的。

第 08 章
面对亲子冲突：父母要学会使用扬惩的艺术

二孩家庭的父母经常需要面对孩子之间的各种冲突，那么，作为孩子的调和人，而非裁判者，父母应该怎么做，才能够维持孩子之间的友好关系呢？那就要既不过于偏袒过一个孩子，也不死守绝对公正的理念，而应根据每个孩子的身心发展特点以及脾气秉性，采取最适宜的方式对待他们，这样才能让他们感受到父母的爱，并渐渐地形成规则意识，愿意遵守家庭规则。

不要拿大宝和二宝比较

当父母的人都很熟悉一个心态，那就是别人家的孩子非常优秀。"别人家的孩子"之所以成为网络名词，也成为很多父母的口头语，就是因为大多数父母都会情不自禁地陷入比较之中，把自己家的孩子和别人家的孩子比较，甚至以自己家孩子的缺点与别人家孩子的优点相比较。在很多父母眼中，别人家的孩子总是非常优秀，他们不但全方面发展，学习成绩优异，而且在各种各样的竞赛中总能取得良好的成绩。别人家的孩子上课认真听讲，下课认真完成作业，在与父母相处的过程中，也能体谅父母的辛苦，更好地安慰父母。总之，他们每个方面都比自己家的孩子更强。若是有这种攀比心严重的父母，孩子们就会"在别人家孩子"的阴影笼罩之下心惊胆战地成长，生怕自己哪天就被别人家的孩子彻底比下去，更怕激发父母的自卑心理，导致父母对他们的成长有过分苛刻的态度。

幸运的是，别人家的孩子通常出现在传言里，而很少出现在父母身边，这样一来，父母在拿别人家的孩子与自己家的孩子进行比较时，只是把别人家的孩子当成一个虚拟的标杆，而并没有一个实实在在的人给孩子动力。这种情况下，孩子的压力也就相对小一些。但是，当一个家庭里有不止一个孩子的时候，所谓别人家的孩子就会变成具体而生动的兄弟姐妹，尤其是在兄弟姐妹有鲜明的优点时，给其他孩子造成的压力是非常大的。当父母情不自禁地把两个孩子放在一起比较的时候，往往会让孩子之间的关系发生微妙的改变。这就是别人家的孩子变成了身边同一屋檐下生活的兄弟姐妹的极大弊端。在很多不止一个孩子的家庭里，父母常常会情

第 08 章
面对亲子冲突：父母要学会使用扬惩的艺术

不自禁地吼道："你看你还是哥哥呢，为何连妹妹都不如？""你看这道题这么简单，弟弟比你低一个年级都已经做出来了！""你看姐姐吃饭多么淑女，你却像只小猪一样！"比较的对象就在眼前，因此，孩子的一言一行、一举一动都会被父母拿来和兄弟姐妹比较。很多父母甚至不假思索地就把这些比较的话完全说出来。的确，父母在心里难免会比较孩子的所长和所短，但是，当父母把这样不负责任的比较说出口的时候，就会给孩子内心带来深深的创伤。

虽然孩子看起来很小，心思简单，而且不擅长进行深度的思考，但是他们的感觉是非常敏锐的。在父母这样的比较之中，孩子的自尊心会受到伤害，而且，如果他们非常在意父母的比较，那么，他们就会因此而受到打击，变得非常自卑。长此以往，被贬低的孩子难免会对父母口中那个更优秀的孩子产生深刻的敌意，以致亲兄弟姐妹的关系变得也紧张起来。而另外一个孩子则更加无辜，他完全不知道自己在父母眼中、口中原来这么优秀，甚至，他也常常从父母那里听到其他兄弟姐妹比他做得更好的信息。但是，正是在不知不觉之中，他成为了兄弟姐妹嫉妒的对象，自己却浑然不知，甚至会羡慕其他兄弟姐妹。聪明的人看到这里一定意会到意识到发生了什么，那就是在父母的"挑拨离间"之下，孩子之间的关系越来越生疏，手足之间的敌意也越来越深，这都是父母不恰当的比较让孩子们彼此敌视。

父母这种挑拨离间并非故意做出来的，因为，每一个拥有不止一个孩子的父母，他们最大的心愿就是孩子之间能够和睦相处，并且可以相互帮助。他们之所以采取比较的方式，并且把这种比较故意放大地呈现在孩子们面前，就是为了以比较来激励孩子们进步。然而，他们无形中忽略了孩子身心发展的特点，没有意识到自己无心的话已经变成了兄弟姐妹之间矛盾的导火索，而语言的暴力也伤害了孩子稚嫩的心灵。现实生活中，很多人思考问题都会从主观的角度出发，过于利己主义，若父母也这么做，就会导致孩子在成长过程中遇到很多的困难和阻碍，也会使孩子在面对人生的时候有太多负面的思考。所以，父母对孩子一定要更加理性和从容，这样才能给予孩子更好的成长空间，并避免干扰孩子的思维。

有些父母也许会说现实社会就是非常残酷的——事实的确如此，但对于孩子而言，社会的残酷并不需要他们马上接受。他们也许可以等到长大之后、在循序渐进的过程中认识这个社会的残酷，逐步进入激烈的竞争之中，而不需要在还不能够准确区分事情的正确与错误的情况下就被父母拉入残酷而激烈的竞争之中。父母最好的做法是把两个孩子看作独立的生命个体去对待，对于每个孩子的要求都是让他们比自己的前一天有更大的进步，而不要拿他们进行横向比较。毕竟，尺有所短，寸有所长，每个孩子的特长和优势都是不同的，父母要更加理性、客观地面对孩子，让孩子更加从容淡定，这样孩子才能够在成长的过程中收获更多的快乐。

父母要想让孩子们的手足之情更加深厚，就一定要避免动辄拿两个孩子进行比较，或者说，父母心里可以进行比较，但是在言行举止上一定不要表现出来。其实，父母最好的办法是摆正心态，在内心深处把两个孩子当作独立的生命个体去对待，这样父母才能因人制宜地去对待两个孩子，并对每个孩子都采取不同的成长和判断标准。唯有如此，父母才能给予孩子更大的成长空间，否则，如果父母希望把每个孩子都变成同一个模子出来的一模一样的形状，则对孩子来说是很不公平的。

少管孩子吵架的事情

二孩家庭里，父母都会为孩子之间无休止的矛盾和纷争而感到烦恼，他们希望孩子能够和睦地相处，友好地对待彼此，也希望孩子在遇到危险和困难的时候能够相依相伴、携手并肩地努力，但这样的目标是很难达成的。这是因为孩子原本就因为年纪小而缺乏自制力，又因为处于特殊的身心发展阶段，所以他们之间难免会有各种各样的竞争。即便是非常民主和谐的家庭里，孩子之间的年纪也相差无几，他们在相处的过程中也还是会发生争吵，这是在所难免的。孩子发生争吵的时候，为了尽快恢复安静，很多父母总是制止孩子，让孩子停下嘴。要想孩子做到这一点很难的，因为他们缺乏自控力，也因为父母在处理矛盾和纠纷的时候很难站在完全公平的角度上，对孩子做到不偏不倚。如果父母出于某些原因而不能公平地处理问题，或者因为没有考虑到孩子的身心发展特点而不假思索地在愤怒的驱使下说出不恰当的话来，就会伤害孩子的心，也会把原本可以处理好的事情变得更加糟糕。

当然，也有的家庭里，父母处理孩子之间矛盾的方式简单粗暴，他们不去问事情的原因，也不了解孩子的表现，而是不由分说地对两个孩子各打十大板。在父母的强力制止下，孩子们马上就恢复平静，把一切的波涛汹涌都隐藏在暗流之下，这样虽然能够维持表面的和平，实际上并没有真正解决孩子心中的矛盾。对维持家庭和谐来说，这种一刀切的方式表面上无疑是效率最高的，但是这种方式对孩子的心理伤害也是最严重的。所以父母不能采取一刀切的方式对待不同的孩子，也不要对于事情的细节过于纠结。在家庭琐事中，很难说清楚哪个人是正确的，哪个人是错误的，父母既要明察秋毫，也要会和稀泥，从而在两个孩子产生争执的时候以最好的方式解决问题。

父母在孩子争吵的时候都试图了解孩子到底为什么吵架，实际上孩子争吵的原因多种多样，有的时候他们为了谁先得到一个玩具而争吵，有的时候他们为了谁的美食更多一些而争吵，有的时候他们只是因为一个观点不同而激烈地争吵。因此，父母想要调节孩子之间矛盾、帮助孩子停止争吵，就一定要弄清楚两个孩子究竟在吵什么。这样，父母才能够更加理性地面对孩子，才能够在陪伴孩子成长过程中有更好的表现。

总之，父母不要随随便便介入孩子的争吵，也不要以一刀切的方式终止孩子的争吵，只有在了解孩子之间矛盾的基础上采取合适的方式解决问题，才能够有效地解决孩子的争吵。当然，父母要了解孩子争吵的原因，就要学会倾听。很多父母在倾听孩子讲述的过程中往往带着主观的意识，总是把自己的想法强加到孩子身上，或者情不自禁地以成人的标准来判断孩子。毫无疑问，这对于与孩子的相处是没有任何好处的。也有一些父母总是迷信书本，他们特别相信育儿专家所说的话，总是全盘照搬，把育儿专家所说的各种理论都搬到生活中来。殊不知专家的话虽然来源于生活，有些高于生活的理论，却未必完全适合你的家庭。父母既要有专家的理论作为指导，也要运用实际生活的经验作为操作的基础，唯有把这两方面相结合，才能够更好地引导孩子，让孩子在成长道路上有更好的表现。

当然，孩子之间的"势均力敌"是很难达成的，因为年纪不同，他们在身心发展方面存在很大的区别。父母在处理孩子之间纠纷的时候，不要情不自禁地想要偏袒某个孩子。家是一个讲爱的地方，不只是一个讲理的地方，所谓的道理在家庭生活中未必完全行得通，因此父母必须意识到一点，那就是孩子之间的矛盾和纠纷并不同于成人之间的矛盾和纠纷，也并不完全需要公平公正的道理。他们只需要父母有足够的爱心和耐心来对待他们，也希望父母能够全身心投入地站在他们的角度上看待问题。所以，对父母而言，要想处理兄弟姐妹之间的矛盾，最重要的不是找到挑起矛头的那个人，而是应该有的放矢地给予他们更有耐心的对待，也要把重点放在如何解决问题的角度上。只有能够解决问题的方法，才是好方法，而父母解决问题的方法绝不应该是打十大板。

很多时候，孩子之间之所以发生矛盾和争执，并不是因为有什么实际性的问题成为导火索，而只是因为他们心中有压抑的情绪。他们之间交往的时候，也许某一方的行为导致另一方非常被动，使得另一方认为受到对方行为的严重影响，所以另一方情绪会更加波动。在这种情况下，他们会不停地争吵，此时，父母不要盲目地偏向于弱势的那一方，也不要盲目地判断对错，而是应该以恰当的方式安抚孩子的情绪。当孩子的情绪恢复冷静和理性时，他们的矛盾也就迎刃而解。

明智的家长不会刻意偏袒任何一个孩子，也不会完全把责任归咎于一个孩子身上，他们会分别分析孩子们身上所存在的问题，从而理智地分析问题的所在。此外，他们会灵活处理，如在批评孩子之后安抚孩子稚嫩的心灵。这样的方法，虽然看起来很简单，但是它的效果十分显著。

在孩子之间发生争执的时候，对父母来说，最重要的不是给孩子们当裁判官，也不是对孩子们的争执做出裁决，而是应该考虑父母是否有必要介入孩子之间的纷争。记住，对于孩子来说，面红耳赤的争执也是一种交流的方式，彼此动手扭打在一起也是一种讨论和碰撞。所以，父母要准确界定孩子之间的矛盾是否升级到了需要父母介入的程度，然后再作出理性的选择。如果孩子之间的矛盾自己能够解决，而父母却忙不迭地参与，那么就会收到事与愿违的效果。

当孩子们沉浸在彼此的交往之中，不希望有外人进入他们的小世界时，如果父母盲目地介入孩子之间的争执，只会导致孩子之间的矛盾更加升级，也会导致有些孩子联合起来一致"对抗"父母。所以父母要准确把握孩子发出的需要介入的求救信号，也要能够正确判断孩子的矛盾升级到了什么程度，这样才能够成为一个受欢迎的介入者。

坚持就事论事，不搞人身攻击

为人父母者，没有人愿意承认自己对一个孩子特别偏爱，对于另外一个孩子则爱得少一点。每个父母都会标榜自己对每个孩子都是非常公平的，这是因为他们不愿意面对自己心中的偏向，也害怕因为精神的偏向使其中一个孩子得到溺爱、对父母过度依赖。实际上，在不止一个孩子的家庭中，父母很难做到不偏不倚，尽管这一点是保证整个家庭幸福和睦的根本基础。父母也是人，他们思考问题的时候难免会从主观的角度出发，所以很难做到对孩子完全理解。然而，对父母来说，尽管他们把不偏不倚作为口号挂在嘴边上，但是人的本性让他们在面对孩子的时候情不自禁地做出偏爱的行为。要知道，对于父母来说，即使他们对于教育孩子的理论有着很深刻的认知，在实际行为上也有着看似公平的表现，也并不代表他们的内心但是他们在处理子女问题时的公道绝无偏爱，因为在这个世界上没有完全平等的爱。父母只能把自己对某个孩子的偏爱深深地埋葬在心里，而在行为表现上给予每个孩子公平的对待。

有些父母，因为心中特别偏爱某一个孩子，所以对另外一个孩子会产生内疚的感觉，实际上这样的感觉也是完全没有必要的。只要父母不把对某一个孩子的偏爱表现得太明显，那么对于孩子的成长就不会有太大的影响。当然，人是感情动物，每个人都很容易受到感情的影响，所以，在特定的时间下，父母的偏爱，也许是受到某个实际的触发点的触动，所以才会明显表现出来。

在这个世界上，如果父母们愿意面对自己真实的心，他们就会意识到自己对于孩子是有偏爱的，其实，当父母理性认识到这一点之后，对于如何教育孩子反而有更好的意义。如果父母总是拒绝承认偏爱的存在，就会在偏爱的道路上越走越远。就像面对一个问题，我们只有勇敢地面对它，才能解决它，而如果故意逃避问题，问题非但不会消失，反而会更加难以解决。

自从儿子出生后，妈妈就把所有的爱都投放到儿子身上，但是实际上妈妈更想要的是一个如同公主一样的女儿。后来二孩政策放开，妈妈很快就怀了一个女儿，她满怀期待，等待着女儿的诞生。女儿出生之后，妈妈对女儿非常疼爱，总是给女儿买最漂亮的裙子，恨不得把所有美丽的衣服都给女儿买回家，妈妈真的是把女儿当成小公主来养育。

妈妈知道自己心里是偏爱女儿的，所以对于儿子丝毫不敢疏忽。有的时候，妈妈给女儿买裙子，也会给儿子买一条牛仔裤或者一双漂亮的运动鞋。一天晚上，妈妈买了裙子和牛仔裤回家，分给两个孩子。女儿穿上裙子之后就像一个小公主那样美丽。在玩耍的过程中，女儿不小心被哥哥推倒摔在地上，裙子被撕出一个大口子，女儿也摔得哇哇直哭，对于这样的情形，妈妈再也无法掩饰心里的偏爱，情绪冲动地对儿子脱口而出："你是不是嫉妒妹妹穿裙子，所以故意把她推倒的？"听到妈妈这句话，儿子觉得简直莫名其妙，虽然儿子也才七八岁，但是他感觉到了妈妈话中的语气。儿子非常伤心地大哭起来,看着儿子伤心的样子,妈妈不由得很自责。但她还是告诉自己:"我没有偏爱女儿,我对女儿和儿子是平等对待的。"

手心手背都是肉,当对孩子心存偏爱的时候,妈妈一定也觉得很难过。在这个事例中,妈妈之所以与儿子产生这么大的矛盾,就是因为心中始终有一份偏爱。她更喜欢把女儿打扮成小公主,愿意欣赏女儿美丽的样子,但是她心里并没有直面这种偏爱,而是把偏爱的情绪隐藏起来,自欺欺人地说自己对待每个孩子都很公平。的确,在形式上,妈妈做到了相对的公平,但是妈妈心中的偏爱是无法在任何情况下都隐藏起来的。当哥哥不小心推倒了妹妹,妹妹受伤的时候,妈妈的偏爱就马上表现了出来。

父母是不应该掩藏自己内心的,对于心中无法控制的偏爱,父母一定要去正视它,而不要总是自欺欺人,否则只会导致偏爱越来越严重。作为父母,我们只有面对心中的偏爱,才能避免偏爱给家庭生活带来的困惑,才能更加理性地面对每一个孩子。父母要记住,拒绝承认偏爱的存在并不能解决问题,只有直面偏爱,才能做到相对公平地对待孩子。

对谁的表扬和批评都不能"过火"

在每个孩子的心目中,父母的评价和认可都很重要,因为他们年纪还比较小,没有形成正确认知自我的能力,所以他们会把父母的评价作为自我评价。这样一来,如果父母对他们的评价不能够做到客观中肯,就会导致他们的自我认知也出现偏差。

在学龄阶段之前,孩子接触最多的是父母,所以他们会更加注重父母的评价。父母对孩子恰到好处的批评,可以让孩子改正缺点,把优秀行

第08章
面对亲子冲突：父母要学会使用扬惩的艺术

为发扬光大，这样一来，孩子会表现得更好。然而，很多时候，父母对于孩子的心态并没有正确地了解，他们觉得孩子对他们的评价和认知并没有那么重视，所以对孩子说话的时候总是不经判断，也常常会把话说得过轻或者过重。当家里不止一个孩子的时候，尤其是在其他的兄弟姐妹在场的时候，孩子对父母的评价会更加重视，因为这评价是当着全家人的面进行的。与此同时，当父母在全家人面前对某个孩子进行评价的时候，就产生了一种很奇怪的现象，那就是在批评一个孩子的时候看起来就像在表扬另外一个孩子，或者是在表扬一个孩子的时候看起来就像是在狠狠地批评另外一个孩子。可想而知，孩子之间的关系很容易因此变得紧张。所以，如果父母批评和表扬孩子不能把握好合适的度，就会导致孩子之间彼此充满敌意，相互竞争，乃至使得手足关系变得恶劣。

如果父母总是当着所有人的面表扬一个孩子、批评另外一个孩子，那么，长此以往，孩子之间就会产生不平衡的关系。这对于孩子而言就像是贴标签的行为一样，会打破孩子的行为底线。例如，那些总是被批评的孩子原本并没有父母所说的那么糟糕，但是，当父母对他们的评价过于低的时候，他们就会降低自己的行为准则，从而表现得真如父母所说的一样糟糕。与此同时，那些被重视和得到表扬的孩子，也并不多么幸运，他们因为始终都能够得到父母的表扬，所以成为了其他兄弟姐妹的仇视的对象。其他兄弟姐妹都故意疏远他们，甚至恶意攻击他们，在这种情况下，他们的内心同样会受到伤害。尤其是那些总是得到父母批评的孩子，在看到经常受到表扬的孩子时，常常会攻击得到表扬的孩子，也会幸灾乐祸，甚至庆幸自己并没有那么优秀，所以才不必承受和那些优秀者一样的厄运。

孩子们是一个小群体，每个孩子都需要融入整个家庭，也需要融入兄弟姐妹的小群体之中，这样才能够在成长过程中与兄弟姐妹建立友好关系、培养深厚感情。那些总是得到表扬的孩子也会很快意识到这样的情况，为了避免成为众矢之的，也为了让自己能够顺利地融入兄弟姐妹之中，他们会故意表现得没有那么优秀，从而让自己与兄弟姐妹融为一体。常言道，木秀于林，风必摧之。一棵树如果在树林中高出太多，就很容易被风吹断，当它和其他树木高度相似的时候，反而更能够保护自己。优秀的孩子，正是出于这样的心理，所以会出现行为倒退的现象。

父母常用表扬和批评为手段来对待孩子，如他们表扬更优秀的孩子实际上是为了激励和鞭策其他孩子向优秀的孩子学习，希望他们也变得同样优秀。其实，父母的话里面有夸大的成分，他们很清楚自己的话并非绝对真实的，但是孩子们并不这样以为。因此，父母表扬孩子的时候必须要把握一定的技巧和方式，这样才能够在孩子成长的过程中给予其更大的空间。

父母在表扬孩子的时候一定要从实际的情况出发，进行具体的表扬，父母要记住，与其空洞乏味地表扬孩子，不如让孩子得到切切实实的指导，比如在表扬孩子的时候让孩子切实知道他的确在哪些方面做得比较好，在批评孩子的时候，同样要秉承这样的原则。很多父母在批评孩子时，总是因为愤怒而对孩子一概否定，甚至因为生气而把孩子原本具有的优点都完全忘记了，不得不说，这种贴负面标签式的批评，会让孩子自暴自弃。正确的批评方式是指出孩子的错误，在孩子感到迷惘的时候告诉孩子如何做才能得到更好的结果。这样，孩子们才能扬长避短、取长补短，从而在成长过程中有更好的表现。

当然，孩子在成长的过程中，不可能永远只得到表扬而不得到批评。只有既有批评也有表扬，才能及时认可和鼓励孩子，才能对孩子的成长起到一定的动力作用，孩子才能够在均衡的力量下更加全面健康地成长。作为父母，我们要记住，一定要把握好合适的度，不管是批评还是表扬，都要恰到好处，这样才能够收到最佳的效果。否则，一旦过度，就会物极必反。古人云，凡事皆有度，过度犹不及，父母的批评和表扬也是如此。

引导孩子"自我批评"与"自我表扬"

当孩子意识到批评和表扬都是一种教育的方式时，批评和表扬对他们的作用就会大打折扣，但是父母所追求的是长期的教育效果，而并不是希望用一种快速见效的方式在最短的时间内改变孩子的言行举止。本着这样的原则和目标，父母在批评和表扬孩子的时候一定要控制好使用的频率和力度，要谨慎使用，而不要泛滥使用。

我们必须认识到一点，不管是批评还是表扬，目的都是激励孩子不断进步，让孩子在成长过程中有更好的表现。如果孩子在面对批评的时候总是表现出一副毫不在意的样子，那么这就意味着父母对他的批评没有达到预期的效果。如果孩子面对父母的表扬也总是漫不经心，那么就意味着表扬已经不能真正激励和鼓舞孩子的内心。在这种情况下，真正明智的父母在批评或表扬孩子的时候，会激发出孩子的自信和坚持，让孩子学会自我批评和自我表扬。

自我批评，顾名思义，要建立在自我反省的基础上，要求孩子在遇到很多事情的时候，即使没有别人的提醒，也能够主动地反思内心。这样一来，孩子就可以主动把很多事情做得更好。自我肯定和自我批评一样很重要，如果孩子可以进行自我肯定，那么他们在看到自身有进步之后，就会给予自己小小的奖励，这对于孩子的成长来说，当然也是非常有效的。

不管是批评还是表扬都应该更加具体生动，如果父母对孩子的每一句话都有具体的内容，可以给孩子切切实实的感受和力量，那么，渐渐地，孩子就能在父母潜移默化的影响下学会自我批评和自我表扬。批评和表扬除了要说出具体的话，在说话的时候，语气和肢体语言等也是非常重要的。父母要知道，孩子是非常敏感的，他们可以从父母的言行举止中感受到父母的内心状态和情绪状态，因此，父母对孩子一定要谨言慎行，而不要轻易批评和表扬孩子。

有的时候，在批评孩子的时候，父母并不知道引起问题的根本原因是什么，甚至孩子自己对于所犯的错误也是非常迷茫的。在这种情况下，父母不要当着所有孩子的面批评和惩罚这个孩子，而应该在私下的场合里与孩子进行深入沟通，从而让孩子知道如何做才能够表现得更好。当其他孩子试图介入沟通之中的时候，父母可以明确告诉想要介入的孩子这件事情与他无关，从而让其他孩子回避。

如果父母批评的对象是所有孩子，那么父母就可以对所有孩子说出批评的话，当然，有的时候，面对这样的情况，有些孩子会推卸责任给其他孩子。这种情况下，父母就需要坚定立场，避免孩子推卸责任的好方法，是把所有孩子都当作批评对象，而不是针对某一个孩子。当然，一定不要在没弄清楚实际情况的时候就当着所有孩子的面批评一个孩子，让这个孩子承受委屈和羞辱，否则会对孩子稚嫩的心灵造成严重的伤害。

在不止一个孩子家庭里，生活有时非常混乱，有的时候，孩子们在一起疯玩，并不能够准确区分是谁犯了错误、谁是受害者，所以很多时候孩子们都要承担连带责任，不管他们是否为主要责任人，都会受到父母的批评。这样的方式对于孩子来说虽然有不分青红皂白的感觉，却能够让他们意识到他们是一个团体，必须对自己和他人的行为同时负责，从而变得更加团结。在此过程中，父母也可以树立权威，从而在孩子们的心目中有更加重要的分量。

总之，教育孩子是一件非常复杂的事情，不是一蹴而就就可以做成的，所以面对孩子时一定要有足够的耐心和爱心，这样才能够在孩子成长的过程中成为孩子的引路人，才能够担任起教育孩子的重任，从而给予孩子更好的陪伴和对待。

如何保护好力量较弱的二宝

在不止一个孩子的家庭里，如果两个孩子年纪相差不大，或者都是有攻击性的孩子，那么他们之间打架就会成为经常发生的事。孩子们很清楚一点，那就是当他们的"战争"行为已经造成足够的影响时，父母就会参与他们的"战争"，甚至因此而表现出对某个孩子的偏爱。这样一来，他们就会在"战争"中获得父母援助的力量。为了避免孩子仰仗父母而做出过激的举动，父母应该理智地控制自己，避免加入孩子的"战争"。因为，父母一旦加入"战争"，即便父母自觉做得非常公平，也会导致"战争"的局面失去平衡。其实，很多孩子之所以会隔三岔五地打架，是因为他们知道父母一定会出手制止他们，以避免伤害真正发生。在这种情况下，如果父母一直都坚持对孩子的争斗保持旁观的态度，就可以避免给孩子带来过大的压力。很多父母都不认可，觉得父母的参与可以更好地帮助孩子协调关系，实际上并非如此。当父母参与的时候，就会成为孩子之间的一股力量，或者横亘在孩子原本的关系之间，或者因为有所偏袒而与其中的一股力量合而为一。这样一来，孩子的竞争当然会变得更加激烈和残酷。

　　大宝出生比较早，而且身心发育更加成熟和完善，体力也更加强盛。在大宝面前，二宝则显得非常娇弱，他或者才一两岁或者才三四岁，总之，他比大宝小很多。在少数两个宝贝只相差一两岁的家庭里，如果二宝的体格本身就比大宝强大，那么，在达到一定的年龄阶段之后，二宝与大宝之间会呈现出力量的均衡。但在大多数情况下，大宝的体力都是比二宝更强的。面对这样的情况，妈妈如何保护好二宝呢？等到孩子之间打起来后再去介入，已经晚了，妈妈要先于"战争"发生就向大宝表明自己的态度。当然，不要全盘否定大宝的言行举止，毕竟，在和二宝相处过程中大宝如果受到不公正的对待，一定会有情绪产生。甚至，二宝很多表现友好的行为，也会给大宝带来很大的负面干扰和影响。在这种情况下，如果大宝对二宝做出攻击行为，会导致二宝非常被动。妈妈可以告诉大宝："我知道二宝一定让你很烦恼，你也恨不得让他离你远远的，但是他是因为喜欢你才靠你这么近的，所以你可以狠狠地批评他，我都可以理解。但是你不能够伤害他，因为他还太幼小，如果你想伤害他，我一定会制止你。如果你真的伤害他，造成了非常严重的后果，会让我们都感到非常后悔的。"这样一来，妈妈既接受了大宝的情绪，让大宝保持平静和理智，也能够有效地调整好大宝的行为，从而让大宝对于自己的言行举止负责任。唯有如此，大宝才能够保持平静和理智，才能够更好地与二宝相处。

　　当孩子们都已经长大，且具有保护自己的能力时，父母就更要退出孩子之间的争执。父母要相信，孩子们既有均衡的力量去对抗彼此，也有一定的理性控制好情绪，从而避免争斗的发生。假如父母盲目地参与到这场战争之中，导致孩子之间的力量不均衡，那么结果就会更加恶劣。当然，父母必须关注这场"战争"，远远地静待其变，当发现其中某一个孩子因

第 08 章
面对亲子冲突：父母要学会使用扬惩的艺术

为情绪冲动而失去对行为的控制时，就一定要当机立断地介入，从而保证每个孩子的安全。当然，父母还要意识到，一个巴掌拍不响，所以，即使其中有一个人受伤有些严重，父母也不要一味地偏袒他，而是应该确保安抚到每一个孩子。这样，孩子才能更加信任和依赖父母，才能够在得到公平待遇的基础上缓解与手足之间的关系、加深手足之间的感情。

虽然孩子长大之后都拥有了保护自己的能力，父母无须过分担心他们的安全，但是父母仍要监控孩子的打架行为，因为孩子毕竟容易情绪冲动、做出失去理性的事，只有父母在场，才可能避免他们之间发生互相伤害的行为。

当然，父母未必要在孩子的视线范围内，也可以在孩子看不到的地方时刻监督孩子们的行为。事实上，从某个角度来说，这样更易帮助孩子养成彼此友好相处的习惯。有的时候，父母在场反而会让孩子更加放纵自己的行为，因为他们知道，当他们的行为超过边界的时候，父母一定会对他们提出警示或者及时制止他们；而如果父母不在场，孩子在做很多极端的举动时便会有更多的顾忌，他们会更想约束自己，从而避免闯祸。父母做一个隐形的保护者，对于能够保护自己的孩子们而言，是他们保护自己的最后一道防线。当然，如果打架的双方力量相差实在是非常悬殊，或者其中某一方除了尖叫之外根本无法有效保护自己，那么，在这种情况下，父母是需要介入的。

对于那些拥有强大力量的孩子，父母首先要接纳他们的情绪，让他们恢复平静和理智，而不要总是让他们之间的斗争变得更加强烈。对于孩子们而言，他们需要做的是更加理性地对待自己，学会控制自己的情绪。唯有如此，孩子们才能学会和谐相处。

父母对孩子的爱与管教，不是各打五十大板，也不是盲目纵容孩子的行为，而是通过安抚让孩子知道要控制自己，从而避免被他人伤害。此外，这样的情绪自控能力不但对孩子的成长有积极的作用，也可以让孩子合理有效地保护自己。

父母何时要介入兄弟姐妹间的纷争

对父母而言，应该让孩子之间的矛盾争执，甚至是肢体上的冲突，都处于自然的状态，这样孩子们才能依靠自身的力量和方式去解决问题。如果父母盲目地介入其中，使得自己的力量与所偏爱的某一个孩子合二为一，则只会导致孩子之间的关系更加恶化，竞争也更加激烈。在这种情况下，唯有静观其变，父母才能够保持理性态度，才能够让自己在采取行动之前进行周到的思考。

但是，对孩子而言，并非只要父母不介入、他们就是绝对安全的，因为孩子的情绪很容易冲动，他们对自己的行为还没有负责任的能力。所以，当孩子之间的矛盾冲突不断升级，出现一定的危险信号时，父母很有必要及时介入，从而保证孩子的成长始终处于安全的状态。

与普通的争吵不同，如果孩子之间的争吵上升到侮辱的程度，那么对于受伤害的孩子而言，带来的心灵创伤是非常严重的。那些用语言的暴力去肆意伤害兄弟姐妹的孩子，往往对此表现出肆无忌惮的态度，因为他们始终从自身的角度出发考虑问题，根本没有想到自己的快乐给别人带去了深深的伤害。在愤怒情绪的驱使下，他们理直气壮地认为自己所做的一切都是正确的。糟糕的是，他们在不知不觉之中已然严重伤害了自己，也导致对方感到沮丧失落，甚至会因此受到对方的反击。

看到这里,父母一定会感到很纳闷,孩子完全可以向父母求助,为何他们会选择沉默呢?这是因为受到欺负的孩子往往会比较沉默,性格内向,或者内心充满了恐惧。有的时候,他们受到那些比他们大的孩子的威胁,这使他们以为如果把这一切告诉父母,只会遭到更深的伤害。所以,他们选择了沉默不语。还有一种情况,即对于兄弟姐妹之间的矛盾和争执,父母曾经试图调解,但是后来发现根本无计可施,也就选择了顺其自然的态度。这时,孩子即使向父母求助,父母也无法给予他们有效的帮助,更无能力协调好孩子之间的关系。所以孩子们渐渐地觉得没有必要求助于父母,因为父母自身都无法控制愤怒。

大多数孩子之间的争执和纠纷都处于安全可控的范围内,但是,随着不断成长,他们的力量也不断增强,他们之间的纷争很可能导致严重的后果,甚至涉及人身伤害。在这种情况下,父母一定要做好孩子的监护工作,避免争执造成严重的后果,也避免孩子们在愤怒之余拿起手边上的危险物品伤害对方。对于这些行为,在家庭生活里一定要划定严格的界限,这样才能够让孩子确定行为边界。如果总是让这些行为在家庭生活中泛滥,一定会导致孩子的成长体验变得非常糟糕。

除了危险行为的升级之外,父母还要更加关注孩子之间出现的重复行为。例如,一个孩子总是习惯性地欺负另外一个孩子,长此以往,会导致他们的性格都变得扭曲。所以,对于兄弟姐妹之间偶尔的矛盾和纠纷,父母无须介入;对于兄弟姐妹之间长期出现的行为和纠纷,父母则要采取正确的态度。但是,不管以哪种方式,父母都应该让孩子在自己的心目中保持更好的状态。

孩子们的愤怒到底是来自于哪里呢?除了在相处过程中出现小小的矛盾和纠纷之外,还因为父母在他们之间进行了比较,导致他们的内心失去平衡，对于兄弟姐妹更加排斥。因此，父母在与孩子沟通的时候，一定要考虑到每个孩子的情绪和感受，以合适的方式来对孩子进行表扬和批评，唯有如此，才能避免孩子把怒火发泄到兄弟姐妹的身上，才能够引导孩子与兄弟姐妹更友好地相处。随着不断成长，孩子的生活环境也在发生变化，一开始，他们只在家庭里活动，后来，他们进入学校，要接触到更多的人与事情，也要面对更复杂的人际关系。在这个过程中，父母会发现孩子的情绪越来越复杂多变。记得有人说过，父母的不公是导致兄弟姐妹反目成仇的最关键原因。如果孩子能够在心理、情绪比较压抑的时候及时寻求专业人士的帮助，如心理医生等，那么他们就会成长得更快乐。

第09章
竞争及"战争":大宝和二宝之间不可避免的长期局面

不止一个孩子的家庭不可避免地会面临竞争的局面,为了得到父母更多的关注和爱,让自己获得成就感,孩子们甚至会与兄弟姐妹展开长期的竞争,乃至打响"战争"。不得不说,这是每对二孩父母都必须面对的也必须处理好的情况,唯有保证孩子之间的关系健康发展,孩子才能在家庭环境中快乐成长。

老师对于二宝的期望

随着不断地成长，孩子走出家庭，进入学校，他们不再只留在家庭的环境里，开始面临学校的复杂环境。老师在评估和考量孩子的时候，也会把他们与家庭联系起来，如果家里不止一个孩子，那么，老师在教育孩子的过程中，也会借由孩子的兄弟姐妹激励或者督促孩子进行好的转变。这是因为老师在教育的过程中往往需要付出力量，为了寻求更多的力量源泉，他们会关注孩子的家庭，也希望通过孩子的兄弟姐妹让孩子拥有比独生子女更强大的力量。不得不说，这样的方法如果使用不当，很容易给孩子稚嫩的心灵带来创伤，尤其是当老师把家庭标签贴在孩子身上的时候，这些标签很有可能会给孩子巨大的压力，让他们觉得自己必须和哥哥姐姐一样优秀。

每个孩子都是这个世界上独立的生命个体，他们会得到世界的意外惊喜，也会受到各种条件的禁锢，而使得生命的发展受到限制。他们是独立的，不必依附于任何人，他们必须在成长的过程中更努力勤奋，而只为了遇见更好的自己。如果他们总是把兄弟姐妹作为成长的目标，渐渐地，他们就会变得很被动，也会在此过程中失去主动性。众所周知，孩子成长有外部的驱动力，也有内部的驱动力，而以兄弟姐妹来刺激孩子不断努力，对于孩子来说就是外部驱动力。从孩子自身的成长来说，要想获得长久的发展，就应该激发出他们的内部驱动力。因此，老师不要总是把孩子与他的兄弟姐妹联系在一起，而应该从孩子自身的角度出发，帮助孩子，激发孩子的内部驱动力，这样孩子才会长久努力、动力充足。

第 09 章
竞争及"战争"：大宝和二宝之间不可避免的长期局面

尤其是在很多小范围的环境中，如果老师对于孩子的家庭情况很熟悉，甚至曾经亲自教过孩子的哥哥或者姐姐，那么老师常常会让孩子一定要向他们的哥哥或姐姐学习。不得不说，这样无形中就否定了孩子自身的个性，也会让孩子对成长产生各种困惑。例如，当老师说"孩子，你该和你的哥哥一样优秀"时，孩子明明很愿意努力改变自己、取得进步，却会因为老师让他以哥哥为标杆而不愿意继续努力。由此可见，以哥哥或者姐姐作为孩子的榜样，非但不能够如愿以偿地激励孩子进步，反而会导致孩子在成长的过程中变得懈怠，甚至不愿意努力奋斗。在此基础上，孩子当然会产生各种各样的心理变化，所以，在学校里，老师不应该给孩子贴上以哥哥或者姐姐为榜样的标签，在家里，父母更不要这么做。要记住，每个孩子都是他自己，即使他跟哥哥或姐姐很像，他也是与哥哥姐姐完全不同的生命个体。父母必须了解和认可孩子在各个方面的表现，这样孩子才能成为独特的自己。

尽管亲生的兄弟姐妹都是出自一母同胞，但是他们并不完全因此而具有更多的相似性。除了老师、父母外，学校里的同学，以及周围的邻居，也会因为孩子与哥哥或姐姐的关系而给他们贴上哥哥姐姐的标签。尤其是在沟通的过程中，很多孩子难免会告诉他人关于自己的兄弟姐妹的事情，因此，从他们口中，人们也会了解他们的兄弟姐妹。无论如何，每个孩子都是独特的，他们不应该因为兄弟姐妹的存在而改变自己。父母不要一味地强求孩子，而应更加理性地面对孩子，从而给予孩子最好的成长条件。

除了成为自己以外，每个人都不应该成为任何人。不管是父母，还是兄弟姐妹，都不应该成为孩子的模子，他们的高度更不应该成为孩子奋斗的目标。孩子只有做最真实的自己，才能获得真正意义上的成功。

当大宝二宝攀比成绩

在不止一个孩子的家庭里,孩子之间谈论得很频繁的一个话题,就是关于学习和学校、同学的。前文说过,孩子之间存在很激烈的竞争关系,实际上,对于孩子们而言,如果一味地处于紧张的竞争之中,肯定会影响兄弟姐妹的感情,所以孩子应该摆正心态,理清思绪,从而在学习上保持一种独立自主的状态。有的时候,兄弟姐妹其实相差很大,但他们仍会在学习上进行相互攀比,如除了比较各自在班级里的排名之外,有些年幼的孩子还会希望哥哥姐姐在和自己一般大的时候学习成绩不好,这样他们在学习方面就会更加轻松一些。其实,二宝之所以有这样的心态,就是攀比意识在作怪。

如今,很多学校都不主张对学生展开评分,因为,随着评分和排名的进行,同学之间的关系会变得很尴尬。那些考得好的同学,难免趾高气昂,那些考得不好的同学,又常常沮丧绝望。实际上,学校里应让孩子从学习上的竞争中摆脱出来。每个孩子都是独立的生命个体,他们有自己的特长,有自己的闪光点,所以,不管是学校还是老师,都要更加尊重孩子本来的样子,这样才能激励孩子在成长的过程中发挥天性。

当然,避免对成绩进行排名虽然可以在短期之内保护孩子,让孩子们对成绩不至于过多地关注,但是,如果一直维持这种状态,那么,当进入高中阶段的学习之后,孩子们会变得非常被动。因为,如果孩子们从来没有接触到竞争,也不知道自己在同学之中的排名,那么,在高中的阶段,一旦面临巨大的学习压力,他们就会因突然受到强烈的冲击而不适。实际

第09章
竞争及"战争":大宝和二宝之间不可避免的长期局面

上,就算没有排名的存在,因为天性的驱使,孩子之间也会进行各种形式的竞争。在家庭生活中,最简单的形式是有的孩子在取得好成绩之后会进行炫耀,而同时,有的孩子会为此而感到非常苦恼。

有的时候,孩子们也会因为彼此的比较和竞争而产生矛盾和争执,在不止一个孩子的家庭里,这种竞争是永远也无法避开的,这对于孩子们的成长或许有很大的好处,也可能会有一些危害。归根结底,孩子的成长不可能始终处于真空之中,孩子之间的平衡也不可能永远保持下去。所以,父母要引导孩子成长,就要让孩子自然而然地接受有竞争的现实,并让孩子能够客观公正地评价自己,督促自己持续进步。

有些孩子的竞争意识非常强烈,妒嫉心也很强。在无法实现自己的预期目标或者无法达到他人高度的情况下,他们的情绪会变得非常激烈。他们常常觉得自己已经全力以赴了,但还是感受到其他孩子的优秀给他们带来的威胁,所以,他们只好做出破坏性的行为。在这种情况下,不管是父母还是老师,一定要避免一种现象的发生,那就是不要让那些优秀的孩子习惯性地觉得自己高人一等,这不但会给孩子的心灵带来伤害,而且会导致孩子之间的关系变得很恶劣。父母要想方设法地帮助那些后进的孩子,从而让他们在家庭生活中也有能够拿出来和其他孩子比较的成绩。当然,有的父母主张引导孩子不去随意比较,其实,这样的做法无异于掩耳盗铃。也许父母能暂时让孩子们不再比较,但是,从他们的内心深处而言,他们会本能地比较,也会情不自禁地拿自己与其他孩子进行权衡。

当孩子因为成绩而彼此比较和炫耀的时候,父母作为旁观者,如果发现孩子们都是相对冷静的,则不要过多地介入孩子之间的炫耀。因为,当父母的支持不恰当的时候,会对成绩好的孩子造成伤害;而若父母也和成绩好的孩子一样想要刺激成绩差的孩子,则会使成绩差的孩子感到非常失落。毕竟，对于孩子而言，父母的评价比其他任何人的评价都更加重要，他们会根据父母的评价来进行自我评价，从而对自己进行定位。真正明智的父母不会随意否定或者批评孩子，而是会在了解和尊重孩子的基础上给孩子更多的时间和空间去快乐地成长。

除了学习，其实孩子们的生活中还有很多事情，如父母可以创造各种各样的机会，让孩子们真正感受到成功，这样一来，孩子就会在成功的喜悦之中淡化自己对于学习落后的心理负担。此外，那些学习成绩出类拔萃的孩子，也许会因为在某些方面占据劣势而不再对那些学习成绩不太好的孩子展现优势。总之，人的发展应该是非常全面的，不应该只看单独某一个方面。在成长的过程中，每个人都要竭尽全力去努力，才能够有所成就。作为父母，我们也要多多引导孩子，让孩子发挥积极的力量，而不是总是陷入消极的对抗之中。

孩子在成长的过程中，也许很愿意以优秀的哥哥或者姐姐为自己的榜样，并且在达到哥哥姐姐同样的高度之后依然不懈努力，创造属于自己的辉煌。与此同时，哥哥姐姐也很希望尽自己的力量来帮助弟弟妹妹们，给予弟弟妹妹们切实有效的指导，这对于孩子的成长当然是大有裨益的。

让大宝和二宝良性竞争

大宝和二宝之间的竞争几乎无处不在，对于大宝和二宝来说，他们会在家庭生活以及学习生活中的各个方面展开激烈的竞争。随着年龄的不断增长，他们的关系变得更加亲密，在亲密之余也充满了竞争的意识。对于这样的成长经历，每个孩子都有自己独特的适应过程，也会有自己的对

第09章
竞争及"战争":大宝和二宝之间不可避免的长期局面

策。对于父母来说,在整个家庭的大环境背景之下,他们当然希望两个孩子可以进行良性竞争,从而拥有更好的成长和更高的成就。

大多数孩子在刚刚出生之后,往往处于无我的状态,他们还没有形成自我意识,觉得自己与外部世界是浑然一体的,所以他们更容易与周围的世界融洽地相处,也总会积极展开怀抱去接纳外部世界。但是,随着不断地成长,孩子的自我意识不断增强,大概在两三岁前后,孩子的自我意识开始萌芽。在这个阶段,他们觉得自己是整个宇宙的中心,也希望自己的每一个心愿都能够得到满足,他们还会在与他人的竞争之中始终想要处于优势和领先的地位。总之,他们很乐意把自己与外界区别开来,也乐意对外界的一切人和事都保持领先。

在进入三岁之后,孩子们会有非常明显的改变。在进入幼儿园的集体生活之后,孩子们会意识到,他们进入了一个同龄人的团队之中,为此,他们每天都在盼望着成为第一。他们吃饭要第一,睡午觉要第一,就连上厕所都想排第一。尤其是在下午父母来接他们放学的时候,他们更是希望第一个被父母接走。所以,父母要了解孩子的内心改变,这样才能理解孩子在争取第一方面的执着表现。

当然,作为成人,我们很清楚,没有任何一个人是可以绝对十全十美的,也没有谁能够在成长的道路上始终处于最优势的地位。因此,每个人既要勇敢地突破和超越自我、追求第一,也要能够接受自己的平凡和普通,不再不切实际地希望能够成为唯我独尊的太阳。然而,就算一个人的光芒无法与太阳争辉,他也可以成为夜空中最独特的那一颗星星。这与我们只能是自己而不能是他人是同样的道理,没有任何人可以成为我们,我们也不可能成为任何人。在这样的心态之下,我们才能够意识到自己的存在是多么与众不同。

另外，尽管父母可以想方设法地为孩子们营造和谐温馨的家庭环境，让孩子们在相对平等的状态下彼此友好地相处，但是父母无法改变外部的世界。一旦脱离家庭的环境，失去父母的荫庇，孩子们就要独自面对这个竞争激烈的世界。不得不说，和家庭里兄弟姐妹之间的良性竞争不同，在进入外部世界之后，孩子们在社会生活中面对的竞争是非常残酷和冷漠的，尤其是很多竞争还是披着文明的外衣进行的。如果孩子始终在温馨的环境中成长，根本不知道要如何面对这一切。在这种情况下，孩子们要怎么做才能够真正成长起来呢？

在不止一个孩子的家庭里，孩子们很容易因为各种各样的事情发生争吵，甚至打闹不止，这是因为他们很清楚自己如何才能占据主动和优势的地位，也很清楚对方同样了解他们的弱点、想要"一招制敌"。在这样的状态下，孩子们只能调整自身，这样才能够有效地保护自己，才能具有更加强大的力量。总之，成长是一个非常漫长的过程。对于孩子们来说，如果能够在成长过程中保持步调一致，他们就可以整理好内心的情绪，也可以在冲突中有更好的表现。这样的冲突对于孩子而言是具有积极意义的，可以让孩子们学会彼此相处、彼此包容。

在同一个屋檐下生活，孩子之间难免要进行亲密的接触，如他们甚至要在同一张床上睡觉。如此亲密的关系，既让孩子们感情深厚，也常常让孩子们感到非常焦虑，所以父母一定要更加理性地对待孩子，也要引导孩子与兄弟姐妹处理好关系。兄弟姐妹之间唯有相互包容，才能够发自内心地接纳对方。有些孩子从小就与兄弟姐妹共享一个房间，所以他们从未觉得自己单独使用一个房间是多么美好的事情，反而觉得兄弟姐妹共享一个房间是很正常的，为此，他们对生活的渴求并没有改变。他们依然希望获得好玩的玩具，得到有趣的书籍，却没有想到自己有一天可以有独立的生活空间。这样一来，他们之间几乎不会因为"争地盘"而发生争执，反而会各自在自己的地盘上健康快乐地成长。

当然，为了避免孩子之间的竞争，父母要有意识地协调好孩子之间相处的模式，帮助孩子健康快乐地成长。否则，孩子在成长的过程中就会越来越被动，也会因为内心的苦涩而倍感艰难。

孩子爱告状怎么办

孩子虽然小，智力发展程度有限，但是他们的小心思也是不容小觑的。若家庭里不止一个孩子，那么，在成长的过程中，孩子就很容易学会投机取巧，并学会用各种方式来为自己争取到更大的利益。实际上，孩子与其一味地陷入无意义的争斗之中，还不如争取到家庭中至高无上的权力者——爸爸或者妈妈的支持，这样一来，他们的力量就会陡然增长，甚至在家庭里成为小霸王。很多孩子在与兄弟姐妹进行竞争的过程中，都会以不同形式表现自己，如有的孩子会刻意表现逃避竞争，有的孩子会采取打小报告的方式来获得胜利，满足自己的心愿。

父母有时候其实非常犹豫和纠结，因为他们不知道如何摆正自己的位置。有些父母很讨厌孩子打小报告，这是由父母本身品质决定的。面对孩子热衷于打小报告的现象，他们不知道以怎样的态度面对、以怎样的方式处理。其实，孩子打小报告既有正面的作用，也有反面的作用。正面的作用就是帮助老师或者父母找到问题的根源所在，负面的作用就是孩子打小报告非但无法收到预期的效果，反而因此给父母和老师留下糟糕的印象，并导致人际关系变得恶劣。那么，孩子打小报告到底是好还是坏呢？

不可否认的是，在现实生活中，父母的确需要根据孩子打的小报告来了解更多的消息，尤其是对于不止一个孩子的家庭的父母而言，通过孩子的小报告，他们可以了解到很多自己日常没有接触到的信息，这对于促进父母和孩子的关系有至关重要的作用。实际上，在现实生活中，越是年幼的孩子，或者说越是女孩子，越喜欢打小报告。此外，按照孩子在家庭中出生的顺序来说，后出生的孩子往往更喜欢打小报告，这是因为他们在体力和智力上都与大宝相差悬殊，因此，他们无法只靠自身的力量来与老大抗衡；同时，父母往往更加疼爱更小的孩子，觉得二宝缺乏力量，很容易在与哥哥姐姐的抗衡中受到伤害，所以无形中就会偏袒更小的孩子。综合这两个原因，在二孩家庭中，相对而言，二宝更热衷于打小报告。此外，孩子们也会察言观色，他们非常希望通过打小报告的方式把父母的力量与自身的力量结合起来。

女孩比起男孩更喜欢打小报告，这也是因为女孩知道自身的力量不够，所以她们更愿意通过打小报告的方式来维护自身的利益。不得不说，打小报告是女孩和二宝出于对自身情况的考虑采取的措施，可以帮助他们增强力量，并合理有效地保护自己。对于孩子打小报告的行为，父母既不要采取一刀切的反对态度，也不要总是鼓励孩子打小报告，否则，对孩子的成长是没有好处的。在家庭生活中，父母应该为孩子规定出哪些事情是必须打小报告、哪些事情是可以不用上报的。例如，对于那些没有危险性的事情、孩子自身也可以独立处理的问题，就无须打小报告。但是当面对很多危险的情况时，如家里的燃气灶突然着火或者是厨房的开水流到地上，那么孩子则应该第一时间告诉父母。如今，孩子的内心非常脆弱，如果发现某个兄弟姐妹想要做出伤害自己的行为，孩子往往能意识到问题的危险性，从而及时地告诉父母。这样一来，父母才能第一时间得到消息，

第 09 章

竞争及"战争":大宝和二宝之间不可避免的长期局面

才能通过更多的途径和渠道监护好孩子的安全。当然,在日常生活中,这样极端的危险情况并不会经常发生,而且孩子常常会因为年纪尚幼而无法界定是否该打小报告。因此,父母要适当引导孩子,让孩子知道哪些事情是行为的边界,从而帮助孩子保持理性的行为,也保证孩子的安全。

对于那些根本无须汇报的事情,或者是孩子出于想要攻击另一个孩子的恶意来打小报告的事情,父母一定要坚决反对的态度,否则孩子就会渐渐养成乱打小报告的习惯。即使长大成人之后,他们在与他人相处的过程中也会乱打小报告,毫无疑问,没有人会欢迎乱打小报告的人。这样一来,可想而知,孩子的人际关系会变得很差。

有的时候,在家庭生活中,大宝也会喜欢打小报告。通常情况下,大宝打小报告并不是为了告状,也不是为了寻求父母的力量,而只是为了实现自己的某些想法,他通过打小报告的方式将其说成是二宝想要做的事情,这样一来,就可以用间接的力量来使父母满足他们的心愿。当看到大宝有这样的小心思时,父母也不妨直接告诉大宝:对于合理的请求,父母当然会大力支持,但是,对于不合理的请求,即使是二宝说出来的,父母也不会答应。当大宝意识到二宝并没有这样的特权的时候,他们就会更加主动地调整好自己的心态,从而让自己在成长的过程中渐渐地远离小报告。

对于孩子打小报告的行为,只要确认孩子都很安全,也没有陷入无法解决的矛盾和纠纷之中,那么,父母对打小报告的孩子不妨采取简单粗暴的方式,告诉他"我不想听到你来告状,你们要自己处理好发生的问题"。这样一来,孩子便会在发现没有效果之后并努力地想办法维持好关系的平衡。实际上,孩子在父母那里吃过几次闭门羹之后,他们就会真切意识到父母所采取的态度,也不会再对父母抱有不切实际的幻想,而是能够在遇到问题的时候努力地协商解决,以避免去打小报告的时候反而被父母批评一通。

察言观色从来不是成人的专长，对于孩子而言，察言观色的能力也是他们的有力武器。人都有利己主义的本能，每个人都会趋利避害，所以，当孩子发现打小报告能够更有效地调动父母的力量时，他们就会加大力度去做。当孩子发现他们所采取的方式并不能如同他们预期的那样加强父母对他们的力量支持时，他们就不会去做。有的时候，孩子甚至会因为某种做法而被父母批评，他们从中意识到他们的言行举止并不能得到父母的全盘认可，在此之后，他们在说话做事的时候都会非常小心。对孩子来说，拥有这样的认识当然是至关重要的。

孩子为何说脏话

三岁到五岁之间，孩子们会进入诅咒敏感期。在这个阶段，孩子们并不知道骂人的话代表的真正含义。他们在无意之间听到或者是通过身边的人学到之后，一旦说出来，就会发现周围的人有非常强烈的反应，这使他们意识到脏话或带有诅咒语言的力量。因此，他们为了追求这种力量，反复说出骂人的话来。父母想让孩子改掉骂人的恶习，最好的方式不是强调孩子不要骂人，而是无视孩子骂人的话，让孩子那用语言的暴力发挥出来的力量就如同打在软绵绵的棉花一样。这样一来，孩子意识到骂人的话并没有特别的力量，就会放弃去说。

对于孩子来说，他们一定不想说中规中矩的话，这是因为他们发现说脏话可以发泄内心积压的情绪，也可以以此激起别人的反应。对此，父母要理性地对待孩子，而不要总是对孩子采取消极对抗的态度，只有把孩子

第 09 章
竞争及"战争"：大宝和二宝之间不可避免的长期局面

内心的负面情绪疏导出来，孩子才能够平静地对待他人。

父母是孩子的第一任老师，也是孩子最好的榜样。在很多家庭里，孩子之所以说脏话，并非因为向外面的人学习，而是因为他们日常生活中听到父母或者其他长辈说脏话，就学会了说脏话。他们当然很清楚，说脏话是不文明的，更是一种恶意的攻击，会导致他人暴跳如雷。日常生活中，父母在和孩子相处的时候，一定要采取缓和的语气，而不要总是用暴力对待孩子。当父母成功为孩子营造良好的环境时，就能让孩子对于说脏话产生厌恶心理。

当孩子说脏话的行为已经渐渐地形成习惯时，父母不要再向孩子强调说脏话这件事情。这里所谓的强调，指的是不要采取规定的方式，也不要采取否定的方式，因为过度地强调说脏话这件事情会让孩子对于说脏话有不切实际的幻想。要避免对孩子反复唠叨说脏话是一件不好的事情，而应以更加洁净的语言为孩子营造良好的沟通环境。除此之外，父母还要让孩子意识到说脏话并不会达到他预期的目的和效果，也不会产生他梦寐以求的力量，当孩子觉得说脏话毫无作用，当然就不愿意继续说脏话。

需要注意的是，很多父母在面对孩子的过激举动时，都会为孩子找借口，也为自己找理由包容孩子。其实，这样的教养方式是极其不恰当的，因为它会导致父母在孩子心目中失去权威，也会导致孩子对父母的理解和认知出现偏差。

如果孩子处在诅咒敏感期，那么，他们会情不自禁地说脏话。总之，不管是什么原因导致孩子喜欢说脏话或者学会了说脏话，父母都要保持冷静的态度，因为孩子的学习和模仿能力很强，这一行为是他们学习语言、交流的过程。从这个角度而言，不管说脏话的根源到底在谁身上，父母都应该努力为孩子营造良好的语言环境，这样孩子才能够在干净的语言环境中学会更多积极、文明的语言，而不至于让脏话损坏自己的外部形象。

很多时候，说脏话不能解决问题，争吵也无法让彼此的矛盾和纷争消失、达到和谐统一。这种情况下，孩子们会情不自禁地在愤怒的驱使下动起手来。在很多家庭里，父母担心二宝的年纪小，没有自我保护的能力，所以往往会禁止大宝对二宝亲密接触。当然，这是出于安全的考虑，也是很有必要的。然而，在现实生活中，二宝常常因此得到父母的庇护，乃至对于大宝的行为边界渐渐模糊。在这种情况下，父母要对二宝有更加深刻的理解，并做到切实帮助大宝健康快乐地成长。在一个家庭里，随着二宝的出生，父母千万不要总是一味地压制老大，而应该在二宝犯错误的时候一视同仁地批评二宝。尽管二宝的挑衅行为未必会造成非常严重的后果，但是，对于大宝而言，这种不断的挑衅，还是会让大宝难以忍受。因为受这种思想的影响，所以，父母们也常常陷入一个误区，那就是每当两个孩子吵架的时候，他们都觉得一定是二宝闯的祸，不得不说，这也会委屈了二宝。未必只有二宝爱闯祸，很多时候，大宝也会喜欢故意挑衅二宝。不管是谁首先挑衅的，父母的目的都是解决两个孩子之间的矛盾，从而避免孩子之间的纷争上升到动手动脚的严重等级。

其实，在家庭生活中，和大宝相比，二宝的人际交往能力是更强的。他们不但学会了更好地保护自己，也学会了如何与周围的人相处。很多时候，二宝为了保护自己，会故意向父母告状。尤其在二宝是女儿的情况下，她们甚至会故意掉眼泪，以此来转移父母的注意力，告诉父母自己真的是倍受委屈和伤害的那一方。当然，每个家庭都有每个家庭的情况，家庭氛围不同，父母不同，孩子也不同。不管在什么情况下，父母都要调整好自己的心态，让自己始终保持平静和理智，这样才能够最大限度地给予孩子更好的照顾。否则，如果父母出现任何偏爱的行为，善于察言观色的

第09章
竞争及"战争"：大宝和二宝之间不可避免的长期局面

孩子们就会见风使舵，在认清楚具体的情况之后马上就对整个行为作出相对的反应。

大宝和二宝都要有小密码

尽管父母觉得自己已经把所有的爱完全平均地分配给两个孩子，但是，实际上，对于孩子来说，他们对父母的爱还是有不同感知的。例如，父母明明更加偏爱大宝，而大宝却觉得父母更加偏爱二宝。在这种情况下，如果不能够消除孩子的误解，那么，日久天长，两个孩子就会对父母产生一定的误解。实际上，手心手背都是肉，父母当然愿意没有差别地对待每个孩子，也希望两个孩子都与父母亲密无间。不可否认的是，性格是否相投等因素，决定了父母与每个孩子之间的缘深缘浅都是不同的，父母对于每个孩子的喜爱和认可程度也是不同的。

恋爱中的情侣，在出现矛盾后总有办法来调节彼此之间的关系，从而做到相互尊重，和谐融洽地交往。那么，父母和孩子之间，亲子关系的浪漫又要如何维护呢？很多父母总是习惯于板着脸来批评和否定孩子，其实这对孩子的成长会起到消极的作用，会让孩子压抑自己内心的情绪，导致他们心中的情绪不断积累，最终造成严重的后果。而那些明智的父母，即使有了二宝之后，也不会把两个孩子各自的亲子时光完全混为一谈，因为他们明白，大宝和二宝脾气秉性不同，他们处于不同的身心发展阶段，这就决定了他们对同一件事情感兴趣的程度不同。在这种情况下，如果一味地强调要公平对待孩子，那么反而是对孩子最大的不公平。父母要想区别化对待孩子，就要给孩子独立的相处时间，营造亲密无间的亲子时光。

例如，与大宝相处两个小时，与二宝相处两个小时，这样一来，在与大宝相处的过程中就不必因为顾及二宝的情绪而畏手畏脚；在与二宝相处的两个小时中，也不必因为要顾及大宝的情绪感受而总是把对二宝的爱大打折扣。分开相处，这就像是年轻的夫妇喜欢和父母分开居住一样，既可以给彼此自由，也可以在一定的时间和范围内给对方全心全意的对待。这样的亲子方式，对于孩子的成长当然是有好处的。

在与孩子单独亲密相处的过程中，父母与孩子之间还可以约定各种连接的符号，如和孩子约定一个具有特别意义的手势，在孩子情绪即将爆发的时候做出这个手势。虽然别人看不懂，父母和孩子却都心知肚明是什么意思。这就相当于在提醒孩子一定要控制好情绪，和直接要求孩子控制情绪相比，这种方式具有更大的趣味性；也因为对孩子没有带着指挥和命令的意味，所以孩子更容易接受。很多父母在和孩子相处的时候，总是居高临下，他们总认为孩子是自己生的也是自己养的，所以自己有权利决定孩子的一切事物。其实不然。孩子是独立的生命个体，他们在生命历程中总要走自己的路，他们也要活出独属于自己的精彩。

给大宝和二宝独立的相处时间，分别与他们约定小密码，这样可以让父母在大宝、二宝相处的时候很快就能进入状态。例如，正在读幼儿园的妹妹还小，那么，在暑假到来的时候，妈妈就可以带着哥哥去旅游，而让妹妹继续上幼儿园。等到旅游回来，哥哥去上补习班的时候，妈妈又可以在家里专门陪伴妹妹，带着妹妹去游玩。虽然这些活动可能就在家门口，却能让妹妹感到兴致盎然，因为她更喜欢的是得到妈妈的陪伴，而不仅仅是只得到了玩耍的机会。

每个成人都有自己喜欢吃的食物，每个孩子有自己偏爱的相处方式。父母一定要深入理解孩子，了解孩子的年龄特点、脾气秉性，也了解孩子的性别差异，这样才能够在成长的过程中给予孩子更好的陪伴和成长。

对大宝二宝一模一样就是不公平

在大宝二宝各方面已经表现出不同之后，如果父母还一味地要求孩子必须一模一样，显然是不公平的。父母必须改变自己的教育思想，给孩子区别化的对待，这对于孩子而言，是至关重要的。在这个世界上，还有一种不公平，这种不公平以公平作为外衣，实际上隐藏着深深的不公平。很多父母对于大宝二宝怀着一样的态度，对于大宝和二宝的生活以及学习也提供完全相同的条件，不得不说这是很不公平的。要知道，大宝和二宝并非处于同样的发展阶段，父母对待大宝和二宝如果完全相同，那么至少对于一个孩子而言是很不合时宜的。作为父母，我们必须考虑每个孩子的性格特点，最大限度恰到好处地对待每个孩子。

既然每个孩子都是独立的生命个体，都是无法取代的，那么父母就不要试图改变孩子的思想，也不要给孩子太大的压力。唯有让孩子在成长的过程中有更多的自由，父母与孩子之间才能够获得默契和共鸣。

如果父母真正尊重大宝和二宝，那么，在对待大宝和二宝的时候，父母就不会采取完全相同的方式方法。例如，在很多家庭里，即使孩子是双胞胎，他们也往往是截然不同的。这是为什么呢？这是因为孩子之间的个体差异，就像有的人非常擅长学习，即使每天放学之后花大量时间在玩耍上，他们在学习上依然会有很好的表现；而有的孩子天生不擅长学习，他们对于学习的态度非常严谨，更愿意在学习的过程中来证明自己的价值，所以他们对学习怀着一种强烈的功利心，总是希望学习能达到自己预期的效果，却偏偏事与愿违。

如果家里不止有一个孩子，且孩子相差岁数小，很多父母便会在无形中忽略孩子在身心发展特点方面的差异。实际上，在孩子渐渐长大后，即使两个孩子只相差一岁，他们在成长过程中的表现也是各种各样的。例如，有的孩子很喜欢说英语，他们最喜欢的不是在书本上学习，而是通过口语交流的方式进行。

总之，父母是不能绝对公平地对待两个孩子的，因为每个孩子自身的情况不同，所以绝对公平地对待孩子反而是对孩子的不公平，会伤害孩子的内心。孩子是家庭教育的主体对象，作为父母，在作任何决策的时候，我们都一定要从孩子自身的角度出发，设身处地地为孩子着想。这样，孩子才更愿意听从父母的建议，才能够在成长的过程中能够得到更公平的对待。

常言道，尺有所短，寸有所长。每个孩子都有自身的优势和特长，也有自身的劣势和不足，因此，父母不要总是毫无顾忌地批评和否定孩子，而应更加有区别地引导和帮助孩子。很多父母都说十个手指头个个没有不同，以此来形容自己对于每个孩子都公平对待。实际上，这个标准未免有些太高了，因为，不管怎么辩驳，父母都或多或少在自己心中对于不同的孩子是有所偏爱的。当然，在家庭教育中，每个父母的教育表现也是不同的，有的父母因为溺爱孩子而对孩子放松要求，有的父母则出于长远考虑，为了对孩子负责而对孩子提出更高的要求。

每个孩子都是独立的生命个体，他们不但性格不同，其他各个方面也各不相同。看到这里，也许有人会说对于同一个家庭的孩子来说，他们所处的家庭环境是相同的。其实不然。即便处于同一个家庭环境，孩子也会受到出生顺序的影响，如在第一个孩子出生的时候，家里只有这唯一的一个孩子，所以父母会集中精力来迎接第一个孩子的到来。第二个孩子出生

第 09 章
竞争及"战争":大宝和二宝之间不可避免的长期局面

的时候,他所面对的家庭组成与第一个孩子截然不同,家庭里不但有爸爸妈妈,还有一个哥哥或者姐姐。所以,对于孩子来说,如果他们是家里第二个出生的孩子,那么他们所成长的家庭环境就会和哥哥姐姐截然不同。

在这种充满差别的情况下,如果父母还一味地要求孩子一定要改变自己的脾气秉性,做到和兄弟姐妹整齐划一,这对于孩子而言显然不公平。实际上,在这个世界上还有一种不公平,那就是很多父母对于大宝和二宝一模一样的对待。当生活以及学习条件都是完全相同的,两个孩子对此一定有截然不同的感受。作为父母,最重要的在于考虑每个孩子的性格特点,最大限度地区别对待每个孩子,而不要盲目追求表面上的公平。

二孩家庭,如何沟通呢

在二孩家庭里,如果两个孩子性别不同或者相差很大的岁数,那么,父母如何与孩子进行沟通呢?这是让很多父母都感到很为难的问题。孩子心智发育尚未成熟,因此,他们在与人沟通的时候,往往无法准确地表达自己;又或者是因为父母过于忙碌,无法静下心来倾听孩子——这也正解释了在孩子成长的过程中有父母为何总是在误解孩子。实际上,对于孩子而言,能拥有理解他们、尊重他的父母,就是他们最大的幸运。作为父母,我们在孩子成长的过程中一定要学会与孩子沟通,这样才能够积极地引导孩子,才能够在孩子与父母之间建立沟通的桥梁。

首先,父母要端正对待孩子的态度。很多父母对于孩子表达的感受都不以为然,因为他们觉得孩子还小,心智发育不够成熟,可能只是在随便说说。殊不知,孩子再小也有感知力,当他们努力表达自己的需求时,父母一定不要对他们的倾诉置若罔闻、不理不睬。不得不说，对于孩子而言，这是非常糟糕的。因为他们根本不想在成长的道路上被父母误解，也不希望自己成为父母眼中无足轻重的人。实际上，父母要想培养孩子拥有坚定的主张，让孩子有自己的思想和意识，就应该尊重孩子，这样孩子才会在成长的过程中有更好的表现。

现代社会，大多数父母一边要照顾家庭生活，一边要承担起繁重的工作，所以父母的确是非常忙碌的。有的时候，因为工作压力大，父母未免感到身心俱疲。然而，不管出于何种原因，父母都不要对孩子表示厌烦，否则就会让孩子失去和父母沟通的欲望。父母要记住，每个孩子都希望得到父母最大的尊重，也希望得到父母的关注，因此，父母要在孩子需要的时候及时放下手中正在做的事情，并专心致志地倾听孩子，这样才能够让孩子更愿意与父母沟通。

然而，在忙碌的生活中如何安排时间的确是一个难题，有的时候，妈妈正在给二宝喂奶或者换尿布，大宝却坚持要告诉妈妈一件事情。在这种时候，妈妈是没有办法当即放下手里的事情去倾听的。不过，正如大文豪鲁迅先生所说，时间就像海绵里的水，挤一挤总还是有的。大宝的需要其实很简单。只要妈妈在给二宝喂奶的时候从另一侧把大宝揽在怀里，大宝就会感受到妈妈的温暖和关爱，既可以与妈妈亲近，也可以在此过程中告诉妈妈他想说的话。这样的形式和内容上的双重亲近，会让亲子间感情加深，也可以卓有成效地拉近大宝和妈妈之间的关系。

不管生活多么忙碌，妈妈都要留出时间来和大宝和二宝分别独处。所谓独处，就是单独和每个孩子进行沟通，与孩子完全敞开心扉、无所芥蒂地沟通。这样的独处机会能让父母和孩子的感情变得很深，而如果失去这样的机会，父母总是同时和两个孩子相处，那么他们就很难听到每个孩子

第09章
竞争及"战争":大宝和二宝之间不可避免的长期局面

的真心话。

现代社会中,几乎所有父母都陷入教育焦虑状态。在这样的背景下,很多孩子本身也是非常焦虑的,他们不知道如何才能够让自己获得更好的成长,也不知道怎样才能让自己的表现达到父母的预期。无论外部环境怎么变化,只有沟通好,父母才能够与孩子之间达成一致,才能够让孩子在成长过程中取得飞速的进步。

每个孩子在成长过程中都需要面对很多事情,对于孩子来说,最重要的在于调整好心态,避免在成长过程中陷入迷茫无助。对于父母来说,一定要与孩子之间进行有效的沟通,才能够最大限度激发自身的力量,加深亲子关系,增进亲子感情。

其实,对于有两个孩子的家庭来说,沟通几乎影响着家庭生活的方方面面。唯有沟通到位,父母才能够在孩子成长的过程中给予更好的表现机会,否则,如果父母总是对孩子的成长有太多的误解,就会导致孩子的很多行为也出现偏差。此外,还需要注意的是,每个父母都要最大限度地提升孩子的能力,帮助孩子在成长的道路上有更好的表现,毕竟,孩子的成长是需要父母一起努力的。

第 10 章

关注孩子内心：健康的心态是孩子成长的关键

孩子要想获得健康的成长，就一定要有良好的心态。现在社会，生存压力越来越大，很多父母无形中就会把压力转嫁到孩子身上，或者对于孩子有过高的期望，使得孩子感到压力很大。实际上，对于父母而言，要想让孩子获得成长，一定要更加关注孩子的内心状态，这样才能够及时发现孩子在成长中走入了哪些误区，才能够让孩子始终走在正确的成长道路上。

孩子对你说"不",可能是在试探你

孩子为什么喜欢说"不"呢?除了两三岁的孩子因为自我意识的萌芽而总是喜欢把自己与外部世界区别开来、彰显自身的个性之外,大多数孩子之所以喜欢说不,也许是在试探父母。孩子还小,身心发展处于特殊阶段,内心不够成熟,又缺乏人生经验,所以,在面对很多事情的时候,孩子都无法作出理性的思考和判断。在这种情况下,如果父母一味地强迫孩子必须接受父母的建议和指导,那么孩子往往会感到非常反感。正确的做法是,让孩子在成长的道路上拥有自己的主见。当然,孩子并非从一出生就有主见,他们也是通过不断地试探才知道自己的行为边界,从而在与父母的相处的过程中找到更好的相处模式。

在不止一个孩子的家庭里,孩子说不的可能性更高。因为,当父母对于两个孩子的标准不相同时,孩子就要主动开展行动力,从而确定自己的行为边界在哪里。如果父母一味地对某一个孩子放宽行为的边界,那么,另外一个孩子就会感到非常困惑。他们不知道如何才能够让自己更快乐地成长起来,也不知道自己做哪些事情会让父母理解,所以他们要通过说不的方式来验证自己是否可以做很多事情,又是否会遭到父母的反对和禁止。

姐姐比弟弟大三岁,和弟弟的关系非常亲密。然而,自从弟弟出生之后,姐姐出现了一定的行为退步。父母常常会对姐姐提出要求,让姐姐像以前一样去做,但是姐姐感到非常困惑,因为她不知道自己要怎么做才能令父母满意。有的时候,看着弟弟没有做得很好就能得到父母的赏识,姐姐也会感到很郁闷。

第10章
关注孩子内心：健康的心态是孩子成长的关键

有的时候，姐姐也会感到很困惑，因为爸爸妈妈对她和弟弟采取的是双重标准。例如，有些事情姐姐不可以做，弟弟却可以做；有些东西姐姐不可以吃，弟弟却坚持要吃，且能得到满足。对于这样的生活，姐姐常常觉得无所适从，她想不明白自己为什么不能和弟弟一样。有一天，妈妈做了很多菜，弟弟不爱吃胡萝卜，就把胡萝卜挑出来扔到桌子上，虽然他扔满桌子，但妈妈并没有生气地指责弟弟。姐姐也不喜欢吃胡萝卜，但是妈妈坚持让姐姐吃。以往，姐姐每次都在在妈妈的强制要求下把胡萝卜吃掉，这次看到弟弟这么做，姐姐也不由得想学一学弟弟。"我也可以不吃胡萝卜吗？"姐姐问。妈妈斩钉截铁地回答："必须吃掉。"妈妈有些惊讶地看着姐姐，因为在此之前，姐姐总是能够把胡萝卜吃完。看到妈妈惊愕的样子，姐姐更加坚定地说："我不吃。"妈妈当即质问姐姐："你为什么不吃呢？你以前都可以把胡萝卜吃光的呀！"姐姐指着弟弟说："因为弟弟没有吃胡萝卜，我本来也不喜欢吃胡萝卜。"听了姐姐的话，妈妈一时之间不知道该说什么。

孩子的学习和模仿能力很强，原本姐姐是可以在妈妈的强制要求下把胡萝卜吃完的，但是，现在看到弟弟可以不吃胡萝卜，姐姐也不愿意吃胡萝卜。对于姐姐在行为表现上的变化，妈妈无法应对。

在二孩家庭里，妈妈对于两个孩子的标准一定要统一，这样孩子才可以找到一致的行为界限。如果妈妈对两个孩子的要求和标准不统一，就会导致孩子心里产生很大的困惑。其实，对于孩子而言，最重要的是能够找到行为边界，这样才可以让行为发生在被允许的范围内。

如果不是因为弟弟不吃胡萝卜，妈妈是可以要求姐姐必须吃掉胡萝卜的。但是，在弟弟已经明显违反妈妈规定的情况下，妈妈再去要求姐姐必须吃光胡萝卜，显然有些理不直气不壮。在对孩子同样要求的基础上，如果孩子提出过分的要求，父母可以强制要求孩子必须执行。有过这样一次经历之后，孩子就会意识到某些事情是规定好了的，是需要每个家庭成员都去遵守的。

当然，不仅是一个孩子的言行举止会成为另一个孩子的模仿对象，包括父母的言行举止在内，也会给孩子带来很大影响。从这个意义上来说，父母要想把孩子教育好，要注重言传身教的作用，尤其是要以身示范，给孩子树立积极的榜样，这样才能够让孩子找到正确的学习目标。

不要急于戳穿孩子的谎言

孩子为什么会说谎呢？其实孩子撒谎的原因多种多样，除了在三岁前后，孩子因为分不清楚现实和想象而撒谎之外，在其他情况下，孩子之所以撒谎，是因为他们承受了过大的压力，想要逃避某些责任。有的孩子为了实现自己的某些愿望，也会情不自禁地撒谎。对孩子而言，要想避免撒谎行为的出现，就要非常信任和依赖父母，也要在很多的情况下告诉父母自己真实的心里想法。

有些父母一旦发现孩子撒谎，就会非常生气，这是因为他们认为撒谎是与孩子的品质密切相关的。实际上，对于孩子来说，他们的撒谎完全是出于利己主义，是为了保护自己或者为了满足自己的心愿。通常情况下，他们的谎言不带有伤害别人的驱动力，而只是为了利己。当然，如果在孩子小时候父母没有有意识地引导孩子，帮助孩子养成的诚实品格，杜绝撒谎，那么，渐渐地，孩子在品质方面的表现就会偏离正轨，变得恶劣。所以，父母一定要有意识地帮助孩子改掉撒谎的坏习惯，从而让孩子在成长

第 10 章
关注孩子内心：健康的心态是孩子成长的关键

的过程中进步更快，也让孩子得到努力改错的机会。

列宁小时候就曾经有过撒谎的经历，他打碎了姑妈家的花瓶，却为了逃避责任选择撒谎。当着姑妈的面，妈妈没有戳穿列宁的谎言，而是在回家之后以各种方式对列宁慢慢开导。最终，在妈妈循序渐进的引导之下，列宁认识到撒谎的错误性，从而积极主动地承认错误。同样的道理，唯有给孩子营造民主和谐的环境，让孩子意识到勇敢地承担错误也不会被父母严厉地训斥，而是会得到父母的认可，并得到光明正大改正错误的机会，孩子才愿意主动承认错误。

父母还要注意，在孩子撒谎的时候，不要急于揭穿孩子的谎言，这是因为孩子在撒谎之前往往已经考虑到利用谎言来维护自己的尊严和面子。如果父母过于急迫地揭穿孩子的谎言，让孩子在众目睽睽之下自尊受损，则只会导致孩子自暴自弃，破罐子破摔。

看到孩子撒谎时，父母可以先找一找孩子撒谎的原因，所谓解铃还须系铃人，如果不知道孩子为什么撒谎，就无法有效地解决孩子撒谎的情况。只有了解孩子撒谎的深层次原因，父母才能够有的放矢地消除孩子撒谎的行为，引导孩子改正错误，更加诚实。

在陪伴孩子成长的过程中，很多父母总是给予孩子太多的压力，殊不知，孩子的心灵是非常稚嫩的，他们的成长要循序渐进地进行。如果父母给予孩子巨大的压力，导致孩子在成长过程中非常被动，就会收到事与愿违的效果。其实，孩子的成长是有自己的节奏的。例如，很多父母都觉得孩子太过拖沓，做什么事情都完成得很慢，实际上，这只是因为父母在潜意识里受到主观的影响，总是以成人的节奏去判断孩子。这样一来，孩子当然会感到非常被动，也会感到压力很大。

父母要知道，孩子毕竟是孩子，在考虑任何问题的时候，父母都要从孩子的角度出发进行思考，也要熟悉和了解孩子身心发展的规律和节奏，尤其是要了解孩子出于怎样的心理状态和特点才做出相应的举动，这样才能够更好地帮助孩子成长。

如何看待孩子不听话

　　提起孩子是否听话这个问题，很多父母都会感到很生气，这是因为大多数孩子在父母心目中都是不听话的。尤其当父母过于唠叨的时候，他们还会故意与父母对着干，这使父母觉得自己的权威遭到挑战。当父母觉得自己无法有意识地改变孩子调皮捣蛋的情况时，他们的内心会非常焦虑。实际上，对于父母来说，这样的焦虑是没有必要的，因为不听话正是孩子的天性。孩子不听话就对了，如果他们总是对父母唯唯诺诺，凡事都听从父母的安排，那么则意味着孩子已经失去了主见，甚至会为了讨好父母而故意逢迎。

　　在成长的过程中，孩子一定要有主见。遇到事情有自己的想法，并且能够在与他人产生分歧的时候坚持自己的想法，这样的人才能够主宰自己的人生、掌控自己的命运。对于孩子不听话的行为，明智的父母一定会非常宽容并且理解，因为这样才能够让孩子更加健康快乐地成长，才能够让孩子在成长的过程中有更深刻的感悟。在此过程中，父母一定要注意调整好自己的心态，很多父母觉得孩子是自己生养的，也是自己辛辛苦苦养大的，因而理所当然地认为自己享有对孩子的所有权利，总是忍不住要操纵孩子。殊不知，孩子再小，也是独立的生命个体，他们有自己的思想意识，有自己的感情和灵魂，也有自己的鲜明个性，他们并不愿意完全依附

第 10 章
关注孩子内心：健康的心态是孩子成长的关键

父母生存。在这种情况下，父母一定要更加理解和尊重孩子，要从孩子的立场出发考虑问题，从而接纳和包容孩子。父母不要总是对孩子的成长有过高的期望，也不要对于孩子的未来感到焦虑不安，只有父母与孩子理性和谐地相处，给孩子营造民主和谐的家庭氛围，孩子才会更愿意听从父母的建议和指导。

孩子过于依赖父母有两种情况：第一种情况是孩子本身的性格是非常软弱的，或是在长期接受父母主宰的过程中性格变得软弱怯懦。第二种情况是孩子本身的性格是很强硬的，但是，父母的压制，使他们不得不压抑自己的内心，委屈自己的情绪，让自己对父母勉为其难地服从。这样一来，他们当然感到非常焦虑，也会因为觉得自己的内心迷失了方向而对于人生浑浑噩噩，失去前进的动力。

有些父母羡慕别人家的孩子非常有主见，很独立，在遇到事情的时候能够作出正确的决断，却没有发现，在别人家的孩子成长的过程中，其父母从来不对他们指手画脚，也不会对他们非常强势。因此、要想培养出独立、有主见的孩子，父母对于孩子一定要更加理性，这样孩子才能够在成长的道路上有更好的表现。

当父母与孩子产生分歧时，父母不要强制要求孩子必须听从父母的，而应该耐下心来真正尊重和平等对待孩子，询问孩子内心的真实想法。唯有如此，父母才能知道孩子心中的所思所想，才能够最大限度打开孩子的心扉，了解孩子真实的感受和想法。其实，人与人之间的沟通，主要靠着真诚的交流，如果没有交流，那么人与人之间就会始终横亘着不可超越的障碍。作为父母，我们一定要保证与孩子有顺畅的亲子沟通方式，这样孩子才能够对父母敞开心扉，也才能够在成长的过程中与父母友好地相处。

当然，父母对于孩子也不要一味地纵容，毕竟，父母是孩子的监护人。孩子身心发展尚未成熟，所以在很多方面都会陷入错误的决断之中。对于这样的决断，父母一定要及时引导孩子，让孩子学会做正确的判断。唯有如此，孩子才能够更加理性、从容地与父母交流，才能拥有积极的心态。

孩子发脾气，爸妈要反思

　　孩子为何喜欢发脾气呢？有时，尤其是在不止一个孩子的家庭里，孩子发脾气的频率大大增加，这到底是为什么呢？在不止一个孩子的家庭中，孩子与兄弟姐妹之间会有更加亲密的相处，也会产生各种各样的矛盾，这是在所难免的。毕竟，孩子们在一个屋檐下生活，又分别作为独立的生命个体，有自己的个性和棱角。再加上他们正处于人生发展的关键阶段，情绪控制能力相对比较差，所以他们很容易产生矛盾。在这种情况下，父母一定要当好矛盾的协调者。其一，在孩子可以处理矛盾的情况下，父母不要随随便便地介入孩子之间，而要把处理矛盾的机会交给孩子。这样一来，孩子在处理矛盾的过程中就能提升自己的能力。其二，当父母发现孩子处理矛盾可能面临障碍，或者有可能遭遇危险的时候，父母一定要及时保障孩子的安全。当然，父母在介入孩子之间的矛盾时，一定要保持公正的心态，而不要因为心中对某个孩子有特别的偏爱，就在处理矛盾的时候故意偏袒这个孩子。要知道，虽然孩子小，但是他们内心的感受是非常敏锐的，他们知道父母对他们的态度如何，所以父母的一言一行都会被孩子看在眼里。作为父母，我们千万不要表现出对某个孩子的明显偏爱，尤其是不要以刻板的方式坚持对两个孩子绝对公平。所谓的绝对公平，就是对两个孩子采取一样的方式、说出一样的话来，而实际上每个孩子都是独立的生命个体，都有与众不同的脾气秉性和人生表现，所以，父母在公平对待孩子的时候，要以孩子的身心发展特点和他们的脾气秉性为基础，采取合适的方式对待他们，而不是要总是采取一刀切的方式对待孩子。对于孩子而言，绝对公平反而是一种不公平，也是一种伤害，所以，父母要怀有正确的教育理念，在孩子发脾气的时候，积极主动地进行反思，这样才能够及时平息孩子的情绪怒火，才能够引导孩子在成长的过程中做出更好的表现。

孩子爱发脾气，还会有其他方面的原因。例如，若家庭气氛比较压抑，那么孩子心中有话也不敢对父母说，或者因为父母感到厌烦，或者因为父母的脾气很暴躁，渐渐地孩子对父母关闭了心扉，这导致他们遇到任何负面情绪都只淤积在心中、独自去消化。当这些负面情绪积累得过多，孩子无法彻底消化的时候，就会影响孩子的情绪，也会导致孩子的脾气变得越来越暴躁。作为父母，我们在日常生活中要更多地关注孩子的情绪，尤其是在多子女的家庭中，因为家里人多，各种事情和关系都非常复杂，父母更要密切观察孩子，这样才能够及时发现孩子的异常，而不至于直至孩子的情绪已经积累到爆发的程度才能觉察问题的存在。

有人说，父母是孩子的第一任老师，也有人说，孩子是父母的镜子。当孩子出现情绪问题的时候，父母要及时地引导孩子，让孩子说出内心的想法，这对于疏导孩子情绪很有好处。毕竟，对于孩子来说，如果父母不能够理解他们，他们就没有人值得信赖，也没有地方可以倾诉。此外，如果父母的脾气很坏，也会在无形中影响孩子，给孩子作出糟糕的示范。因此，父母要控制好自身的情绪，更加理性地对待孩子，也要给孩子树立理性情绪的榜样，这样，孩子才能够从父母身上感受到言传身教的影响，才能更好地对待成长。

孩子从来不会无缘无故地发脾气,有的时候,孩子发脾气,也是因为他常常被父母忽略。为了引起父母的关注,孩子会以发脾气的方式来博得父母的眼球。在这种情况下,父母要满足孩子求关注的心理,给予孩子更多的关注和爱,这样孩子才会在父母的爱与理解、包容之中获得更加快乐的成长。

总之,孩子决不会无缘无故地发脾气,当发现孩子发脾气的时候,父母要给予孩子更多的理解与对待。只有如此,父母才能与孩子友好相处。其实,亲子关系也是需要相处的,并不是因为天生的血缘关系就能够做到彼此包容,只有相处得好,父母与孩子之间的关系才会更亲密,亲子感情才会更加深厚,这一点是父母必须意识到的。

帮孩子形成规则意识

近年来,社会上时常发生因为不懂得遵守社会规则而导致的惨剧。例如,有的人为了逃一张动物园门票,翻墙进入动物园,结果进入了老虎的领地,被老虎伤了性命。有的人在进入野生动物园之后,随意地上下车,导致失去生命。这些现象引起了社会人士的广泛关注,也让很多社会人都加入了积极的讨论:到底是否应该在野生动物园的禁止下车领域内随意上下车?不得不说,在野生动物园中野生动物随意活动的领域内不能下车,这是一个众人皆知的规则,当事人在明知危险的情况下无视生命的珍贵而选择随意上下车,本身就说明他们的态度有问题。至于另外一个人,为了节省门票而选择翻墙进入动物园,这种行为更加体现出此人无视规则的存

第10章
关注孩子内心：健康的心态是孩子成长的关键

在。由此可以看出，遵守社会的公共秩序，遵守整个社会的规则，是非常重要的。

社会生活之所以可以井然有序地进行，整个社会之所以处于有条理的运行状态，就是因为每个人都在遵守社会规则。就像在一个单向车道上，原本每辆车都保持同向的顺序，如果在同向行驶的车道上突然闯入一辆逆向行驶的车，就会导致非常严重的后果——也许会引起连环的车祸，使得交通大瘫痪，更严重的是在危及自己的同时也会危及他人的安全。

妈妈带倩倩去超市购物，正值周末，超市里收银台处人很多，大家都在排队。倩倩很想喝购物筐里的酸奶，妈妈赶紧对她说："倩倩，我们现在还没有付钱，这个东西现在还不属于我们，仍属于超市，所以不可以喝。必须等到付钱之后，酸奶才属于我们，才能喝。"听到妈妈的话，旁边一个老奶奶对倩倩说："宝贝儿，你喝吧，没关系，马上就要结账了，你可以吃完之后拿这个空盒子结账。"听到老奶奶的话，倩倩困惑地看着妈妈。妈妈马上义正词严地对老奶奶说："阿姨，谢谢您的好意，不过我正在给孩子树立规则意识，我希望您不要这样说。"听到妈妈的话，老奶奶赶紧表示道歉。然后，妈妈转过头正色对倩倩说："倩倩，这个东西是还没有付钱的，如果你现在喝掉它，就等于是在偷吃超市的东西。我们必须在经过收银台、把钱付给超市之后才能吃，好吗？妈妈相信你一定能够等待几分钟，我们只需要几分钟就可以把这些东西都结完帐。"倩倩瞪大眼睛，听着妈妈说的话陷入了思考之中，过了片刻，她对妈妈说："妈妈，你放心吧，我没有那么饿，我可以等到结完账。"看到倩倩这么懂事，妈妈欣慰地点点头。

如果不注重对孩子规则意识的培养，妈妈也许会把酸奶给已经感到肚子饥饿的倩倩喝，但是，这除了能让倩倩早几分钟得到物质上的满足之

181

外，对于倩倩的成长没有任何其它好处。

为了孩子的健康成长，父母应该引导孩子从小形成遵守公共秩序和社会规则的好习惯。很多父母觉得孩子还小，不需要过分严格地遵守社会规则和公共秩序，实际上这样的想法是错的。只有从小培养孩子的好习惯，才有助于孩子形成良好的规则意识。如果一个人没有安全意识，他就不知道安全的行为边界在哪里；如果孩子不知道遵守社会公共秩序的边界，他就无法督促自己遵守社会秩序。

通常情况下，孩子在三岁前后进入秩序敏感期。在这个阶段，孩子对于秩序是非常执拗的。很多父母在看到孩子表现出对于秩序的任性和固执时，往往会强制改变孩子。实际上，对于孩子而言，这正好这是帮助孩子建立规则意识的好时期，父母应该抓住这个阶段引导孩子，从而督促孩子形成规则意识。

人是群居动物，都需要在人群中生存。作为父母，我们应该帮助孩子建立规则意识，这样孩子才能更好地融入社会生活。如果孩子从小形成规则意识，并养成了遵守规则的好习惯，那么，长大成人之后，他也依然会主动遵守规则，这对于孩子的人生将会起到积极的推进作用。

第 11 章

二孩成长禁区：好父母绝不能做甩手掌柜

对于二孩家庭的父母而言，养育两个孩子所承受的压力当然与养育一个孩子不同，而且，父母在孩子身上付出的时间和精力，比如经济方面的付出都会更多。在二孩家庭里，父母一定要避开养育的误区，这样才能够在引导孩子成长的过程中，在促进亲子关系发展的时候，给予孩子们更加强大的推动力。

二宝到来，不要送走大宝

如今，在很多偏僻农村家庭里，父母在生下孩子之后往往会选择外出打工，即便是作为妈妈，也往往只会留在家里半年到一年的时间给孩子哺乳，然后就会离开家去和爸爸一起打工。努力赚钱，给孩子创造更好的生存条件，他们的初衷是非常好的。若家里的经济条件得以改善，孩子还可以接受更好的教育。但是，这些父母忽略了一个问题，那就是他们的钱可以晚几年再挣，但是孩子的成长是不可逆的，一旦错过孩子的成长，父母在孩子的成长过程中就始终处于缺席的状态。

类似的问题不仅出现在农村地区，在城市里也并不鲜见。在生活节奏快、工作压力巨大的城市里，很多父母都忙于工作，因此把学龄前的孩子送回老家给老人照顾，或者把老人接到城市里负责照顾孩子。这种情况下，父母只有在晚上下班之后才能与孩子进行短暂的相处，对于孩子的言行举止、心理状态、情绪状态的发展和变化缺乏连贯的认知，这会使得孩子在成长过程中缺失父母的关爱。尤其是对于很多二孩家庭来说，在二孩出生的时候，家庭结构、家庭生活都会有很大的改变，在这种情况下，如果父母一味地忙于挣钱，就会导致大宝的情绪波动很大，使得孩子在成长过程中难以避免地陷入误区。如果父母始终陪伴在大宝身边，和大宝一起迎接二宝的到来，并能够时刻关注大宝的情绪，引导大宝的心情，那么，大宝对于二宝的到来就会怀着欢迎的态度。

在这个世界上，有很多事情并不是花钱就能解决的，虽然金钱是很重要的，甚至可以说，现代社会已经到了没有钱寸步难行的地步，但是，金

第 11 章
二孩成长禁区：好父母绝不能做甩手掌柜

钱并不能买到所有我们渴望得到的东西。例如，亲自抚育孩子的父母总是与孩子的感情更深，他们能够回忆起孩子成长过程中点点滴滴的进步和表现，等到孩子长大了，他们和孩子一起回忆这些情景的时候，将会非常美妙。但是，有太多的父母都为了挣钱养家而远离孩子，不得不说，这样的父母虽然对于家庭的经济支撑起到很强大的作用，但是他们对于孩子陪伴的时间确实太少了。现代社会发展和进步速度非常快，很多老年人在教育孩子方面处于观念滞后的状态，他们的观点很可能陈旧迂腐，很容易给孩子的成长带来负面的影响。此外，对于孩子而言，父母在哪里，家就在哪里，而对于父母来说，孩子在哪里，家就应该在哪里。否则，就算有再多的钱，有豪华的房子和车子，又有什么意义呢？

古人云，一分付出一分回报，对于养育孩子同样是如此。如果父母只负责生孩子，而不负责养孩子，父母与孩子之间就会出现有缘无分的情况。也许父母和孩子生活在同一个屋檐下，每年保持着见一面两面的频率，而他们之间的关系是非常疏远的，他们的感情也会非常淡漠。细心的父母会发现，那些爷爷奶奶负责带大的孩子，即使父母与他们接触得非常少，在见到父母之后，他们也会天然地亲近父母，这是一种血浓于水的关系。所以，父母不要随随便便就放弃陪伴孩子成长，既然养育了孩子，就要真正对孩子负起责任，而绝不是把孩子生出来就完成任务了。

很多人把孩子与父母亲近的情况归结为天性，实际上这是人的本能使然。一个人就算从来没有和妈妈在一起亲密相处过，在见到妈妈的那一刻，他也会觉得亲近，对妈妈生出亲密的感情。一个人就算经常被爸爸妈妈训斥，他对爸爸妈妈天生的亲近感觉也不会改变。因此，即使爷爷奶奶对孩子有隔代亲，甚至比爸爸妈妈更加疼爱孩子，对于孩子的成长来说，也没有任何人可以取代父母在他们心目中的重要地位。

在很多二孩家庭中，在二宝即将出生时，父母无法腾出时间来照顾大宝，所以会把大宝送到老家去养育。实际上，这对于大宝的成长来说是非常不利，原本二宝的到来就已经让大宝非常紧张，如果父母再把大宝送回家去，这正验证了大宝的担忧：有了弟弟或者妹妹，爸爸妈妈就不爱我了。可想而知，这种行为对孩子的伤害有多么深刻。其实，如果父母能够引导大宝发挥自身的力量帮助父母照顾二宝，则不但有利于减轻父母的负担，还可以增进两个孩子之间的感情。简而言之，一个家庭中，作为二宝是非常幸福的，因为大宝在出生的时候非常孤单，家里除了他没有其他的孩子，而二宝出生的时候就已经有了大宝——二宝最亲的手足伙伴，这样一来，二宝的人生从来都不寂寞。

父母在孩子的成长之中不能缺席，无论出于怎样的原因，父母都应该尽量留在孩子的身边，或者尽量把孩子带在身边。只有父母与孩子更多地亲密相处，孩子才能更加健康快乐地成长。

开玩笑一定要适度

有些父母自身还玩心未泯，他们很喜欢逗弄孩子，把孩子当成开心果。有的时候，当父母脑洞大开地逗弄孩子时，可能会在不经意间侮辱孩子的人格，并伤害孩子的内心，而他们却丝毫没有意识到这样与孩子过分开玩笑带来的严重后果。不得不说，这样的父母太过年轻幼稚，对此，他们应调整好心态，积极努力地进行学习，这样才能教育好孩子。

近年来，短视频特别受欢迎。在网上流传的某个视频中，记载了兄弟俩打架的情形，录制视频的恰恰是这兄弟俩的父亲。观众可以从视频的声音中听到，爸爸站在旁边看两个孩子打架，一边当啦啦队，一边当摄影师。这样一来，孩子们打得更加不亦乐乎，而爸爸则在旁边一边摄影一边笑得不亦乐乎。等到这段视频结束后，人们的脑海中还回响着爸爸的笑声和孩子的哭声，这让那些优秀的父母不由得感到诧异：这个世界上居然有这种无知可笑的父母，把自己的娱乐建立在孩子的痛苦之上。

相信大部分父母很难带着娱乐的心态看待这件非常"有趣"的事情。虽然孩子之间争吵和打架都是正常的，但是，父母看到孩子正在打架时，可以冷静对待，而不能以此作为娱乐，更不应该故意挑起两个孩子之间的事端，还举着摄像机对孩子进行录制，并发到网上娱乐大众。

从视频中可以看出，两个孩子大概三四岁的样子，也正因如此，他们才会缺乏判断力，在父亲的挑逗下不断打架。父亲教育水平非常低下，让人不由得想——这位父亲是把孩子当孩子养呢，还是把孩子当宠物养呢？很遗憾的是，孩子出生在这样的家庭里，也许长到九岁、十岁依然会被当成宠物来对待。可想而知，在这样不正确的对待方式之下，孩子的心理会发生极度的扭曲。

不得不说，这样的父母与孩子沟通时的言行举止都是非常轻浮和随意的，他们没有想到孩子是有学习能力的人，更没有想到孩子在学习方面有强大的力量。他们总是认为孩子在成长过程中有一种本能，甚至是劣根性，而丝毫没有想到，孩子只有不断地战胜自身的劣根性，才能够获得成长和进步。这样的父母在教育孩子的过程中，不但会教唆孩子和兄弟姐妹打架，当孩子在外面与他人发生矛盾和争执的时候，他们也会要求孩子打回去。殊不知，孩子在幼年时代就会养成暴力的倾向和习惯，等到进入青春期，他们在青春期躁动情绪的驱使下，还会做出更加过激的行为。

每一个父母都望子成龙、望女成凤，他们希望孩子有大出息，也希望孩子在成长的过程中能够做出很大的成就。但是实际上，如果父母做家长本身就不够格，那么孩子自然也会因为上梁不正下梁歪而走上歪路。

父母喜欢开玩笑，虽然能够把家庭气氛调节得更加和谐融洽，但有一点需要注意的是，尽管父母在孩子面前不需要高高在上的威严，也还是需要一定威信的。如果父母在和孩子开过分玩笑的过程中不但伤害了孩子的心，而且把自己的威严践踏于脚下，那么，渐渐地，孩子就不会信任和尊重父母，他与父母之间的关系自然变得扭曲。现实生活中，很多人都喜欢开各种出格的玩笑，但是那些玩笑只适合于关系亲密的朋友之间，而不适合父母和孩子之间。否则，当父母习惯于和孩子开各种出格的玩笑，孩子就会渐渐地把父母当成无所谓的人，进而就会对父母所说的话完全置之脑后，不管不顾。

父母都觉得自己的玩笑话是无关紧要的，因为他们知道自己是在开玩笑，但是他们忽略了一个事实，那就是孩子还小，不能准确地区分玩笑和真话。对孩子来说，他们不知道父母的哪句话是真的、哪句话是假的，因而父母不要拔高孩子的心智水平，也不要觉得孩子能够站在成人的高度，以成人的智力水平来分析和判断问题，因为这是根本不可能实现的。父母要有意识地俯身下去，从孩子的视角看待问题，从孩子的思想意识层面上去分析问题，唯有如此，父母与孩子之间才能够更加快乐相处，孩子才会健康成长。

不仅在人际关系之中每个人需要学会换位思考，站在他人的角度上设身处地地思考问题，在亲子关系中，父母也同样要学会换位思考，能够以孩子的视角看待各种事情和问题。这样父母才能真正地给孩子有效的指导。当然，人都是情不自禁地从主观的角度出发，对父母来说，他们也许在不知不觉之间站在成人的角度思考和衡量孩子。因此，只有换位思考，父母才能够坚持设身处地为他人着想的原则，从而在与孩子的相处过程中找到合适的相处模式，消除与孩子的隔阂。

同等看待大宝和二宝

大宝就一定要让着二宝吗？一直以来，父母都被这样错误的思想误导，觉得在两个孩子之中，大宝一定要让着二宝，表现出作为哥哥姐姐应有的样子，如把好吃的东西、好玩的玩具都让给弟弟或者妹妹，这样才是一个好哥哥、好姐姐的形象。实际上口耳相传了这句话并没有道理。从儿童心理学的角度来说，每个孩子都会拥有自己的东西，他们应该建立物权归属的概念，而不应该一味地认为比自己大的人就应该让着自己。尤其是在同一个家庭里，如果形成这样的错误思想，那么，不管是父母还是兄弟姐妹，都会觉得做哥哥姐姐的就要特别照顾弟弟妹妹。实际上，养育弟弟妹妹不是哥哥姐姐的责任，而是爸爸妈妈的责任。为了孩子的身心健康考虑，兄弟姐妹之间的相处应该完全是平等的。就像一个人在大学毕业之后进入社会，也许他所工作的单位里有快要退休的大爷大妈级别的人物，也有和他同样年纪的、刚刚大学毕业的大学生。在这样的情况下，那些即将退休的老员工会因为他是年轻的大学生、才刚刚走上工作岗位，就得让着他吗？当然不会。在同一个工作环境中，同事之间都是平等的，他们机会均等、利益均等。这样，他们才能够发挥自身的主观能动性，在工作中有更好的表现。如果说年纪大的就必须让着年轻的，那么整个工作顺序就会颠倒，工作上也会因为盲目地追求年龄和辈分的差距而变得很混乱。职场就是职场，没有人会因为谁年纪小就特别照顾谁，没有人会因为自己年纪大就妄自尊大。在职场上，必须以能力和实力来为自己代言，而不是以年纪和辈分来为自己代言。

虽然家庭生活中没有那么激烈的竞争，但是，父母一定不要强求大的孩子就必须让着小的孩子，因为小的孩子永远都会比大孩子小，那么，难道二宝就因此永远能够得到大宝的谦虚礼让吗？当然不是。作为父母，我们必须要让孩子有更好的成长和表现，让孩子更加有担当，这样他们才能够健康成长。父母要为孩子营造公平的氛围去生活，所谓公平，就是两个孩子平等地相处。如果一个孩子想玩另一个孩子的玩具，他就必须和物权归属的那个孩子进行合理的协商。只有得到物权归属的那一方的点头认可，孩子才可以在特定时间内玩他的玩具。

有些父母在二宝出生之后，对于大宝会心怀内疚，他们觉得，在二宝出生之前，原本这个家里所有的吃喝玩乐都属于大宝，甚至包括整个家庭的资产，未来也属于大宝。但是，自从二宝出生之后，大宝就要和二宝分家里的东西。在这种情况下，父母难免会对大宝产生亏欠的心理。实际上，父母完全无须为此感到惭愧，因为孩子没有权利决定父母到底生几个孩子，甚至生与不生都是父母之间彼此协商一致的结果，和孩子没有必然的联系。当父母的心态不能摆正的时候，就会在孩子之间起到挑拨离间的影响。原本两个孩子的家庭里应该是一加一大于二的效果，但是，当父母心态不正，给孩子错误的引导时，父母就会把自身的焦虑情绪传递给孩子，导致一加一小于二。如果两个孩子在一起得到的快乐还没有一个孩子孤孤单单时得到的更多，那么这样的手足关系就是非常糟糕的。

这个世界上没有绝对的公平，但是，在家庭环境里，每个孩子都是父母手心手背的肉，对每个孩子当然要实现相对的公平。要想营造温馨和谐的家庭氛围，最重要的就在于父母要保持好心态，调整好情绪，不要强制

第 11 章
二孩成长禁区：好父母绝不能做甩手掌柜

要求大宝必须让着二宝，也不要强制要求二宝必须顺从大宝。对于两个孩子来说，尽管他们出生的时间不同，但是他们都将生活在同一个家庭里，因此，他们必须要学会如何与对方相处。否则，若孩子在家庭里总是得到家人的谦让，等到进入社会之后，面对残酷的社会现实，他们会感到很不适应。换而言之，如果二宝从小一直被哥哥姐姐让着宠着，那么，在进入社会之后，他们就会得到惨痛的教训。

不得不说，能够把孩子之间的纠纷处理好的父母都是非常有能力而且情商智商都非常高的父母。因为，孩子之间的纠纷，虽然看起来都是鸡毛蒜皮的小事，但这些鸡毛蒜皮的小事没有固定的原则和规则，所以处理起来的时候很困难。对于父母而言，他们不愿意看到孩子之间彼此争吵和打架，也不想孩子因为父母的偏爱而产生隔阂，所以，他们在看到孩子之间发生矛盾的时候，其实是很想逃避的，却又因为要保证孩子的安全在孩子向父母发出"求救信号"的时候，及时解决他们之间的矛盾，然而，如何协调矛盾，的确是一件很难定夺也需要细致把握的事情。

处理手足之间矛盾的时候，最重要的在于不要过分强调孩子的年龄，正如前文所说的，刚毕业的大学生和即将退休的老员工在一起工作，在这个工作环境中，他们就是平等的员工，而不会因为年龄的区别而受到差别化对待。所以，父母可以把孩子放在特定的环境下当成同龄人去对待，给他们制订共同的规则和秩序。这样，父母才能够妥善解决孩子之间的矛盾和纠纷。如果父母总是戴着有色眼镜看待孩子们，总是想着这些孩子中有一个偏大几岁、有一个偏小几岁，那么，父母帮助孩子处理问题的时候，就会情不自禁地产生偏袒，这对于帮助孩子之间维持良好的关系没有任何好处。

读懂二孩心理

不要改变大宝的生活

　　二孩家庭里，随着二宝的出生，大宝的生活被全盘打乱，这是因为，面对嗷嗷待哺的新生儿，妈妈根本没有足够的时间和精力去保持大宝原本的生活规律和节奏。在这种情况下，妈妈就要求助于爸爸，让爸爸代替她更多地关注大宝，给大宝足够的关爱。但是，如果爸爸没有时间和精力去照顾大宝，而把大宝完全托付给老人带养，则原本辛辛苦苦为大宝养成良好习惯，也许会在一个月的时间里就付诸东流，与此同时，还会伤害大宝的感情。

　　不可否认，每个人都有趋利避害的本性，喜欢接近对自己有利的东西，让自己感到舒适，而不喜欢接近那些对自己有害的东西，更不愿意过让自己不满意的生活。对于孩子而言，他们的自制力是有限的，原本，在妈妈的督促下，孩子也许会把生活安排得很好，但是，一旦离开了妈妈的督促或者换作陌生人负责照顾孩子，孩子对自己就会完全处于放养的状态。在这种情况下，他们常常会以让自己感到非常放松和惬意的方式生活，导致原本花费长时间才辛苦养成的好习惯等都被推翻。

　　从儿童心理学的角度而言，两三岁的孩子正处于性格的养成时期，在这个阶段里，孩子的性格具有很大的可塑性，因而父母要抓住三岁到六岁之间的这个特殊阶段，对孩子进行性格的塑造。曾经有心理学家提出，孩子在这个阶段塑造的性格，占到人生性格的百分之九十以上，由此可见，三到六岁对于孩子来说是至关重要的三年，也是在学龄前打好基础的三年。六岁之后，孩子的性格基本成型，所以父母一定不要认为孩子在三

第 11 章
二孩成长禁区：好父母绝不能做甩手掌柜

到六岁期间是无关紧要的。在这个时期，如果父母把孩子送到遥远的老家给老人抚养，就会错过这至关重要的三年时间，未来再想塑造孩子的性格就很难。此外，父母在亲自带养孩子的过程中，教育理念比较先进，在帮助孩子形成观点、养成习惯的过程中坚持的毅力很强大。如果父母已经帮助大宝建立规律的作息，那么，一旦打破大宝的生活规律，换一个人来照顾大宝，大宝就会丢失大半好习惯。父母当然知道习惯能够改变孩子的人生，如果对于大宝过于疏忽，导致大宝好不容易养成的好习惯在一夜之间就丢失，那么，对于大宝的成长来说，无疑是莫大的损失。

自从妹妹出生之后，喜欢做化学实验的哥哥行动上受到了很大限制。在妹妹一岁之前，因为妹妹每天都被妈妈抱在怀里，所以哥哥的实验器材都是安全的。但是在妹妹一岁之后，她学会了走路，尤其是在两岁之后，她能够上蹿下跳灵活地活动。这个时候，实验器材就变得极不安全。其实，实验器材的不安全并不是最重要的，最重要的是，如果妹妹接触到这些具有化学特性的实验器材或者是尖锐的实验器材，就会对妹妹造成严重的伤害。为了保证妹妹的安全，妈妈严令禁止哥哥继续在家里做化学实验。哥哥感到非常委屈，但是，一想到妈妈义正词严地说妹妹很容易受到伤害，哥哥就不敢表示反对。对于哥哥来说，他生活中最大的乐趣就是做实验。有一天，哥哥问妈妈："妈妈，我什么时候才能再次做次实验呢？"妈妈斩钉截铁地告诉哥哥："至少要等到妹妹十岁，你才能做实验。"要知道妹妹现在才只有三岁啊，听到妈妈的话，哥哥简直沮丧极了。这时，爸爸说："你很快就要上初中，到时候学校会有专业的化学实验室。而且，等到妹妹十岁，你都读大学了，如果考上喜欢的化学专业，每天都可以做实验。"听到爸爸的话，哥哥才露出高兴的笑容。

因为一个孩子的到来，大宝不得不与二宝分享自己最心爱的东西，甚至失去做很多事情的权利。对于原本也年幼的大宝而言，这当然是非常难以接受的。就像事例中，如果哥哥无法消化自己不能做实验的负面情绪，那么他很可能会把这种负面情绪转嫁到妹妹身上，也很有可能对妹妹心怀怨愤。

在这件事情上，妹妹本身并没有错，对于一个三岁的孩子而言，上蹿下跳活泼乱动，原本就是她的天性。错的是妈妈采取了不正确的方式来保护妹妹，又以极端的方式来限制哥哥的活动，这对于哥哥当然是不公平的。

很多父母都为协调大宝和二宝之间的关系而烦恼。实际上，协调大宝和二宝之间的关系很简单，就是保持大宝生活的规律和节奏，并给予大宝更多的爱与关注。这样，大宝才不会觉得是因为二宝的到来剥夺了他的权利，也不会因此对二宝的到来心怀怨愤。

看着二宝粉嫩粉嫩的样子时，父母一定会情不自禁地对二宝非常喜爱，这样的偏爱常常会让他们在处理两个孩子之间的矛盾时作出不公正的表现。实际上，二宝虽然小，但并不意味他就一定是非常无辜和软弱的，有的时候，二宝故意捣乱，甚至会让大宝的生活变得面目全非。所以父母一定要秉持公正的原则，不要一味地责备老大，而应该更多地关注大宝，给大宝更多的爱与自由，这样大宝才能够和父母一起欢迎二宝的到来。

为孩子营造良好的家庭氛围

孩子的成长受到家庭氛围的影响。在良好的家庭氛围中，孩子更觉得内心踏实，也会因此而获得更好的成长和表现。而在不好的家庭氛围中，

第 11 章

二孩成长禁区：好父母绝不能做甩手掌柜

孩子不知不觉间就受到各种负面影响，内心也会因为紧张和焦虑而出现巨大的情绪波动。

当然，营造良好的家庭氛围并非简单容易的事情，因为这是家庭的软件，需要各个方面的因素综合作用，而不是购买几个家庭硬件设备就可以实现的。尤其是父母，在很多方面都要发挥身教大于言传的作用，才能对孩子起到积极的引导和榜样作用。

一直以来，爸爸妈妈和孩子，以及爷爷，一家四口在一起生活。一开始，爷爷身强体壮，能够帮家里干很多农活。但是，随着年龄不断地增长，爷爷的身体变得越来越老迈，所以他只能每天都在院子里晒太阳，而无法拿起沉重的锄头再去土地里干活。在这样的情况下，爸爸妈妈对爷爷的态度有了很明显的改变，尤其是妈妈，总是对爷爷横鼻子竖眼睛的，每当到吃饭的时候，因为嫌弃爷爷太脏，妈妈总是给爷爷一个碗，让他拿到厨房去吃。有一天，爷爷吃饭的时候手颤颤巍巍的，不小心把碗摔到地上摔碎了。妈妈非常反感爷爷的表现，索性拿出来一个木头的碗给爷爷。每次吃饭，妈妈就把饭盛在木头的碗里，这样爷爷就不会把碗摔坏了。

时间长了，孩子把这一切都看在眼里。有一天，孩子对妈妈说："妈妈，爷爷吃饭的木头的碗还在吗？"妈妈很纳闷："在啊，你问这个干什么呢？"孩子一本正经地回答："那个木头的碗很好，不会被摔坏。现在这个碗是爷爷用，等以后你们老了，这个碗就由你跟爸爸来用。"听到孩子的话，妈妈心中不由得一惊，她这才意识到：别看孩子不吭声，他把我的所有言行举止都看在眼里呢！一想到自己有朝一日也会得到和爷爷一样的待遇，妈妈就觉得不寒而栗。她赶紧把爷爷请到饭桌上吃饭，而且给了爷爷一个崭新的碗，还不时为爷爷夹菜呢！

父母是孩子最好的榜样。如果父母在家庭生活中不能给孩子积极正向的引导，那么孩子就会形成错误的思想，甚至做出错误的行为。现代社会，因为生活压力增大，很多年轻人都选择在大城市打拼，或者当工薪族，或者当农民工，或者自己做小生意。总之，每个人每天都忙忙碌碌，几乎没有闲暇的时间去想一想家乡的父母。现代社会已经渐渐步入老龄化社会，很多年轻人都为了未来打拼，不懈努力，却忘了一句古话——子欲养而亲不待，树欲静而风不止。他们不知道，在他们觉得自己还没有条件在父母面前尽孝时，实际上父母已经老去了；等到觉得自己条件成熟的时候，父母却往往已经不在了，这不得不说是人生最大的遗憾之一。

在中华民族的传统观念中，一个家庭一定要讲究孝道，才能够家和万事兴；一个人也一定要讲究孝道，才能够立足于人世。一个人如果对父母不孝顺，就会遭到很多人的唾弃，做人的品质也会大打折扣。实际上，父母与子女之间的关系是相互的，在子女小时候，父母要对子女承担起养育的责任和义务，也要帮助孩子健康地成长。等到父母老去，孩子成为家庭的顶梁柱，就要像乌鸦反哺那样去对待父母，这样才能够对得起父母的养育之恩。在日常生活中，父母一定要给孩子树立孝顺的榜样，为孩子营造良好的家庭氛围，也不要轻易给孩子贴上不孝顺的标签，因为很多家庭中的问题都可能导致严重的社会问题，从本质上而言，家庭正是社会的一个单位。如果家庭出问题，那么往往意味着社会也可能问题，所以，当发生亲子关系矛盾的时候，尤其在孩子小时候，父母一定要起到引导的作用，解决好问题。

都说父母子女之间是天生的亲情，血浓于水，割舍不断，实际上，父母子女的关系与其他家庭成员之间的关系从本质上来说是一样的，都属于普通的人际关系的一种。父母和子女都是家庭成员之一，在一个非常民主和谐的家庭里，父母无须高高在上，行使权威，孩子也无须事事对父母言